与叶在园

上海市校园植物档案

钱叶斐 编著

上海教育出版社
SHANGHAI EDUCATIONAL
PUBLISHING HOUSE

图书在版编目（CIP）数据

与叶在园：上海市校园植物档案 / 钱叶斐编著. —
上海：上海教育出版社，2021.9
ISBN 978-7-5720-0998-3

Ⅰ. ①与… Ⅱ. ①钱… Ⅲ. ①校园 – 植物 – 介绍 – 上
海 Ⅳ. ①Q948.525.1

中国版本图书馆CIP数据核字(2021)第177152号

责任编辑　李　玮
封面设计　金一哲

与叶在园：上海市校园植物档案
钱叶斐　编著

出版发行　上海教育出版社有限公司
官　　网　www.seph.com.cn
地　　址　上海市永福路123号
邮　　编　200031
印　　刷　上海锦佳印刷有限公司
开　　本　700 × 1000　1/16　印张 14.25
字　　数　226 千字
版　　次　2021年10月第1版
印　　次　2021年10月第1次印刷
书　　号　ISBN 978-7-5720-0998-3/G·0783
定　　价　86.00 元

如发现质量问题，读者可向本社调换　电话：021-64377165

前　言

Foreword

随着现代社会文明进程的推进，人类对生存环境的关注度不断提升。面对各类环境问题，只有大力培育全民的生态道德意识，使人们对生态环境的保护转化为自觉的行动，才能根本性解决环境保护的问题，从而为社会主义生态文明的发展奠定坚实的基础。对学生而言，校园是他们从求学生涯开始接触最频繁的生态微环境，此书的编撰就是希望为他们疏通一条曲径通幽的小道，让更多的学生通过对校园生态环境的学习和认知而“近水楼台先得月”。

本书名为“上海市校园植物档案”，由于“上海市校园”的范围比较广，因此在现有条件下，负责主编的曹杨中学主要对本市的“中学校园”植物进行了调查、访谈和征集，并由师生及生生合作，共同完成了编撰工作。

上海市曹杨中学是本市第一所特色普通高中，学校以“环境素养培育”为特色育人载体，致力于培养学生与“大环境”（自然环境、社会人文环境以及人自身的心理环境）和谐共生、协同发展的责任意识和自主力行能力。曹杨中学以校园为“实验场”，引领学生通过校园植物研究，建立与校园植物的密切联系，从而进一步感受和认识人与环境和谐共处的重要意义。

本书主要包括三部分内容。第一部分为“校园植物博览园”，由上海市曹杨中学的学生团队组织发起名为“菁菁校园，春之葳蕤”的主题活动，旨在收集学生心目中上海市中学校园最有魅力的代表性植物。最后，我们汇总了上海市 16 个区，100 多所中学

的投稿作品，经过严格审核与筛选，有 30 多所学校的学生作品入选。上海市曹杨中学作为策划组织的东道主，本校学生纷纷响应，积极投稿，在 300 多幅作品中选出 50 多幅优秀作品编入本书的第一部分。由上海市多所中学和曹杨中学的学生相互协作，为大家共同展示了 80 多种常见校园植物的风采，以及这些植物所承载的校园人文精神。其实这些校园植物也是上海的常见植物，与上海现有的国际生态形象密切相关，它们的存在同样体现了上海所奉行的人与自然和谐发展的城市精神。第二部分为“校园植物知识园”，由专业教师指导相关学生对中学校园植物的源起做了调查访谈，了解各校最有魅力植物的背景起源，同时介绍了校园植物的主要类群特征和识别植物的一般方法。第三部分为“校园植物探索园”，主要由专业教师结合学生的主观需求，通过真实情景的设置，指导实践的方法和途径，引导学生展开创新思维的羽翼，动脑、动手，应用知识解决实际问题，切实进行实践探索。

本书通过三个维度——校园植物识别活动的参与、校园植物基础知识的学习、校园植物相关问题的探究等，希望更多的学生能够通过这条曲径小道，逐步了解校园中的绿色精灵，真正融入美丽的校园环境。学生可以从最初的关注到之后的关爱，不断提升环境素养，能主动维护自然环境，珍爱自然界的生命，树立生命与环境和谐共存的可持续发展理念。

目　录

Contents

第一章　校园植物博览园

第二章　校园植物知识园

第三章　校园植物探索园

第一章

校园植物博览园

乔木

居民基本信息

中文名： 银杏

别　名： 白果树

分　类： 裸子植物门 > 银杏纲 > 银杏目 > 银杏科 > 银杏属

住　址： 上海市曹杨中学图书馆前

特　征： 落叶乔木。叶扇形，在长枝上散生，在短枝上簇生。球花单性，雌雄异株。种子核果状。银杏是现存种子植物中最古老的孑遗植物，号称活化石。

居民靓照

扇形叶簇生

银杏花

银杏种子

居民风采

银杏是一种观赏树种，具有调节气温、改善气候的作用，另外还有很高的药用价值，如改善高血压、老年痴呆、记忆力减退等功效。银杏根皮有很强的消炎功能。银杏种子则可以减少雀斑、美丽容颜。

居民互动

现存最古老的孑遗植物——银杏属于种子植物中的（　　）。

A. 被子植物　　B. 裸子植物

答案：B

居民情怀

银杏在飞舞，
飞的是秋日的时光，
舞的是往昔的记忆。
风诩诩，
叶澄澄，
照亮了一方土地，
留下了金色年华。

上海市曹杨中学　薛钰婷

居民基本信息

中文名： 罗汉松

别　名： 罗汉杉

分　类： 裸子植物门 > 松杉纲 > 罗汉松目 > 罗汉松科 > 罗汉松属

住　址： 上海市曹杨中学教学楼左侧

特　征： 常绿乔木。叶互生，条状披针形。雄球花穗状，雌球花单生叶腋。种子卵圆形核果状，下部有肥厚的肉质种托，种托成熟时由绿转红再变紫黑色，似罗汉披袈裟。

居民靓照

条状披针形叶

雄球花

种子卵圆形核果状

居民风采

罗汉松清雅挺拔，是庭院和高档住宅的首选绿化树种。罗汉松材质细致均匀，易加工，可做家具、器具、文具及农具等。

居民互动

下列校园植物与罗汉松同属于裸子植物的是（　　）。

A. 苏铁　　　　B. 樟树

答案：A

居民情怀

佛陀留两柏，传衣寺门前。
降龙入定去，空留罗汉松。
古松缘菩提，化为非凡木。
仙柏化蛟龙，护法万岁长。
仙果似老僧，终日默念经。
老态藏大智，心诚天可鉴。
无意弄神通，变化震天地。
纵然时光逝，挺立恒如初。

上海市曹杨中学　危阳奕

居民基本信息

中文名： 龙柏

别　名： 龙爪柏

分　类： 裸子植物门＞松柏纲＞松柏目＞柏科＞圆柏属

住　址： 上海市曹杨中学塑胶跑道旁

特　征： 常绿乔木，树皮呈深灰色，树干表面有纵裂纹。叶大部分为鳞状叶，少量为刺形叶。春天开花，花细小，淡黄绿色。球果蓝色，微被白粉。龙柏长到一定高度，枝条螺旋盘曲向上，好似盘龙，故名。

居民靓照

鳞状或刺形叶

淡黄绿色小花

蓝色球果

居民风采

龙柏树形优美，枝叶碧绿青翠，常种植于庭园作美化用途。适用于公园、庭园、绿墙和高速公路中央隔离带。

居民互动

龙柏的寓意是(　　)。

A. 健康、长寿和富贵　　　　B. 坚忍不拔、正直不屈

答案：A

居民情怀

花非龙香叶非柏，
独窃二美夸芳蕤。
虬枝回转龙欲腾，
自带绿云漏影踪。

上海市曹杨中学　申蓝

居民基本信息

中文名： 侧柏

别　名： 黄柏、香柏、扁柏

分　类： 裸子植物门 > 松杉纲 > 松杉目 > 柏科 > 侧柏属

住　址： 上海市曹杨中学食堂正门花坛中

特　征： 常绿乔木。树皮灰褐色，纵裂，小枝扁平。叶鳞片状。雌雄同株，球花单生枝顶。球果近卵形。种子长卵形，无翅或有极窄之翅。

居民靓照

鳞片状叶

单生球花

卵形球果

居民风采

侧柏是城市绿化植物，它对污浊空气具有很强的耐力，能吸附尘埃，净化空气。侧柏的叶和枝入药，可收敛止血、利尿健胃、解毒散瘀。种子有安神、滋补强身之效。

居民互动

侧柏已被选为（　　）的市树。

A. 深圳　　　　B. 北京

答案：B

居民情怀

亭亭侧柏，
矗立如山。
严寒不畏，
风雨不葸。

上海市曹杨中学　戴思远

居民基本信息

中文名： 水杉

别　名： 梳子杉

分　类： 裸子植物门 > 松杉纲 > 松杉目 > 杉科 > 水杉属

住　址： 上海市曹杨中学操场塑胶跑道旁

特　征： 落叶乔木。叶线形，对生，假二列成羽状复叶状。圆锥花序状。球果下垂。中国特产的孑遗树种，有植物王国“活化石”之称。

居民靓照

线形叶对生

球果

居民风采

水杉是闻名中外的“活化石”树种。材质轻软，可供建筑、板料、造纸等用。水杉对二氧化硫有一定的抵抗能力，是工矿区绿化的优良树种。

居民互动

水杉同(　　)都是孑遗植物。

A. 雪松　　　　　　　　　　B. 银杏

答案：B

居民情怀

踏着春风，
漫过时空尽头的角落。
带着生机，
诉着漫漫岁月的衷肠。

上海市曹杨中学　孙皓炀

居民基本信息

中文名： 垂柳

别　名： 柳树

分　类： 被子植物门 > 双子叶植物纲 > 杨柳目 > 杨柳科 > 柳属

住　址： 上海市曹杨中学教学楼后的虬江河边

特　征： 落叶乔木。小枝细长，下垂。叶互生，为线状披针形，边缘有细锯齿。柔荑花序。蒴果黄褐色。

居民靓照

叶互生

柔荑花序

居民风采

垂柳的枝条细长，生长迅速，自古以来深受我国人民喜爱。垂柳与桃花间植可形成桃红柳绿之景，是江南园林春景的特色配植方式之一。垂柳的木材可制家具，枝条可编筐。树皮含鞣质，可提制栲胶。叶可作饲料。

居民互动

“不知细叶谁裁出，二月春风似剪刀。”是由唐代诗人（　　）创作的名句。

A. 李白　　　　B. 贺知章

答案：B

居民情怀

你是春天的使者，
用那青嫩的绿芽，
唤醒了沉睡的春。
你是夏天的阳伞，
用那繁茂的枝叶，
为世人遮风挡雨。
然而，
无论你做了什么，
总是低头不语。
但是，
无论你多么谦卑，
我总将你铭记。

上海市曹杨中学　施靖尧

居民基本信息

中文名： 大叶女贞

别　名： 长叶女贞

分　类： 被子植物门 > 双子叶植物纲 > 捩花目 > 木犀科 > 女贞属

住　址： 上海市曹杨中学实验楼后方

特　征： 灌木或小乔木。叶革质，卵形或椭圆形。圆锥花序，顶生。浆果状核果近肾形，成熟时蓝黑色，被白粉。

居民靓照

叶革质

圆锥花序

核果

居民风采

大叶女贞的枝叶茂密，是常见的观赏树种。其叶可蒸馏提取冬青油，用于甜食和牙膏等的添加剂。花、果实、种子分别可制芳香油、酱油、酒、肥皂等。成熟果实晒干为中药女贞子，性凉，味甘苦，可明目、乌发、补肝肾。

居民互动

女贞子能明显提高（　　）的功能，因此会对细胞免疫产生影响。

A. B 淋巴细胞　　　　B. T 淋巴细胞

答案：B

居民情怀

冬青残阳伴雪飘，
去年绿叶今年傲。
自在山中独寂寥，
依依深情不曾少。

上海市曹杨中学　方粤申

居民基本信息

中文名： 桃

别　名： 毛桃

分　类： 被子植物门 > 双子叶植物纲 > 蔷薇目 > 蔷薇科 > 桃属

住　址： 上海市曹杨中学风雨操场左侧、操场塑胶跑道边

特　征： 落叶小乔木。树干灰褐色，粗糙有孔。叶椭圆状披针形，叶缘有粗锯齿。花单生，多色。核果近球形，表面密被短绒毛。

居民靓照

叶椭圆状披针形

花单生

核果

居民风采

桃树是观赏树种。树干上分泌的胶质，俗称桃胶，可用作粘接剂，亦可食用或药用。桃肉含丰富营养物质，适宜低血钾和缺铁性贫血患者食用，有破血、和血、益气之效。

居民互动

桃花的着生方式和（　　）类似。

A. 金丝桃　　　　B. 广玉兰

答案：B

居民情怀

阳春花开芳菲现，
唯见佳色出晴烟。
诗经韵里灼其华，
南庄人面映红霞。
芳香蕴郁武陵色，
嘉实满枝玄都花。
纵然不言下成蹊，
扶风含笑春光里。

上海市曹杨中学　陈若菲

居民基本信息

中文名： 棕榈

别　名： 唐棕、拼棕、中国扇棕

分　类： 被子植物门 > 单子叶植物纲 > 棕榈目 > 棕榈科 > 棕榈属

住　址： 上海市曹杨中学教学楼周围

特　征： 常绿乔木。树干圆柱形，叶片近圆形，深裂成线状剑形。圆锥状的分枝花序粗壮，花黄绿色，卵球形。果实阔肾形，成熟时由黄色变为蓝色，被白粉。

居民靓照

叶片深裂成线状剑形

圆锥状的分枝花序

阔肾形果实

成熟果实

居民风采

棕榈树形优美，是庭园绿化的优良树种。棕榈树未开放的花苞又称“棕鱼”，可供食用。其棕皮纤维可作绳索，可编蓑衣、棕绷、地毡等。其嫩叶经漂白可制作扇子和草帽。棕皮及叶柄可煅炭入药，有止血作用。

居民互动

根据叶形特征可以判断，下列校园植物中（　　）为棕榈。

A.

B.

答案：B

居民情怀

不比邻家桃夭夭，
不比墨竹窜云霄。
疾风驶过叶微摇，
恰似君子执扇笑。

上海市曹杨中学　顾鑫艺

居民基本信息

中文名： 枇杷

别　名： 芦橘、金丸、芦枝

分　类： 被子植物门 > 双子叶植物纲 > 蔷薇目 > 蔷薇科 > 枇杷属

住　址： 上海市曹杨中学食堂边花坛中

特　征： 常绿小乔木。叶革质，长椭圆形，边缘有锯齿，背面密被绒毛。圆锥花序顶生，花白色，有芳香。梨果黄色可生食。

居民靓照

革质叶长椭圆形

圆锥花序顶生

梨果

居民风采

枇杷树常用于园林观赏。成熟的枇杷果实味道甜美，营养丰富，可供生食、蜜饯和酿酒。中医认为枇杷果实有润肺、止咳、止渴的功效。其木材红棕色，可作木梳、手杖、农具柄等用。

居民互动

中医认为枇杷果实具有（　　）的功效。

A. 润肺止咳　　　　B. 滋补强壮

答案：A

居民情怀

四季叶长青，
五月枇杷熟。
何院见此树，
欲迎福将至。

上海市曹杨中学　黄奕薇

居民基本信息

中文名： 广玉兰

别　名： 荷花玉兰

分　类： 被子植物门＞双子叶植物纲＞木兰目＞木兰科＞木兰属

住　址： 上海市曹杨中学教学楼前的花坛中

特　征： 常绿乔木。叶厚革质，上面光亮，下面被褐色短绒毛。花大似荷花，白色，芳香馥郁。聚合果圆柱状长圆形或卵圆形。

居民靓照

叶厚革质

花似荷花

聚合果

居民风采

广玉兰的花大，白色，状如荷花，为美丽的庭园绿化观赏树种。它对二氧化硫、氯气等有毒气体抗性较强。叶、幼枝和花可提取芳香油。叶入药可治疗高血压。种子可榨油。

居民互动

广玉兰是落叶乔木，可入药，也可做道路绿化。(　　)

A. 正确　　　　B. 错误

答案：B

居民情怀

貌似菡萏，却生丛中；夏日六月，十里香来。
暖风轻催，白雪迎日；秋瑟青褪，落雪覆地。
曾记否，淮军回朝，舍功弃名。
但求玉兰在圩，清香漫园。

上海市曹杨中学　戴佳琦

居民基本信息

中文名： 龙爪槐

别　名： 垂槐、盘槐

分　类： 被子植物门 > 双子叶植物纲 > 蔷薇目 > 豆科 > 槐属

住　址： 上海市曹杨中学食堂边花坛中

特　征： 落叶乔木。树冠如伞，大枝弯曲扭转，小枝下垂，枝条构成盘状。羽状复叶，纸质。圆锥花序顶生。串珠状荚果。

居民靓照

羽状复叶

枝条构成盘状

圆锥花序

荚果

居民风采

龙爪槐树冠优美，花芳香，是行道树和优良的蜜源植物。龙爪槐的花和荚果可入药，有清凉收敛、止血降压的作用。它的叶和根皮有清热解毒的作用。

居民互动

龙爪槐的叶与（　　）的叶类型相似。

A. 紫藤　　　　B. 鸡爪槭

答案：A

居民情怀

我站立在日月苍穹底，
任蚯蚓爬过我的脚趾。
我迎接过暴戾的雨，
我送走过狂躁的风。
叶儿们扑扇着翅膀，
飘扬、落定或成仙，
带着我的心儿一起，
飞……

上海市曹杨中学　倪嘉翎

居民基本信息

中文名： 柿

分　类： 被子植物门 > 双子叶植物纲 > 柿目 > 柿科 > 柿属

住　址： 上海市曹杨中学食堂边花坛中

特　征： 落叶乔木。叶互生，椭圆形或倒卵形，背面有绒毛。聚伞花序，花黄白色。浆果扁圆形或圆锥形，可以食用。

居民靓照

叶互生

聚伞花序

浆果

居民风采

柿树是中国栽培历史悠久的果树。柿果营养价值很高，有养肺胃、清燥火的功效。加工成的柿饼具有涩肠、润肺、止血、和胃等功效。柿叶可以制茶，柿叶茶是无毒的利尿剂。

居民互动

柿霜是柿子制成柿饼时外表所产生的白色粉霜，我们吃柿饼时是否要将其洗去？(　　)

A. 需要　　　　B. 不需要

答案：B

居民情怀

秋风萧瑟枫叶红，
墙头枝桠挂灯笼，
垂髫小儿馋涎滴，
不得甘柿不罢休。

上海市曹杨中学　万菁

居民基本信息

中文名： 枣

别　名： 枣子、大枣

分　类： 被子植物门 > 双子叶植物纲 > 鼠李目 > 鼠李科 > 枣属

住　址： 上海市曹杨中学食堂边花坛中

特　征： 落叶小乔木。树皮灰褐色，条裂，长枝有托叶刺。叶卵形，边缘有细锯齿，基生三出脉。聚伞花序腋生，花小，黄绿色。核果卵形。

居民靓照

叶卵形

聚伞花序

核果

居民风采

枣树枝干劲拔，翠叶垂荫。果实可以补血、降压、增强人体免疫力。枣常被制成蜜饯和果脯，还可以制成枣泥、枣面、枣酒、枣醋等，为食品工业原料。枣树可用于雕刻、制车、造船、制作乐器等。

居民互动

鲜枣比干枣的维生素含量（　　）。

鲜枣

干枣

A. 高　　　　B. 低

答案：A

居民情怀

二月曹杨园，百花齐争艳。
枣亦在其间，如觚对玉爵。
胡为不自知，生花此园里。
人皆轻慢之，风却不择木。
君若求艳目，不敢争桃李。
君若做栋梁，其木为上等。

上海市曹杨中学　龚杰

居民基本信息

中文名： 紫薇

别　名： 痒痒花、痒痒树

分　类： 被子植物门＞双子叶植物纲＞桃金娘目＞千屈菜科＞紫薇属

住　址： 上海市曹杨中学人工湿地边

特　征： 落叶灌木或小乔木。树姿优美，树干光滑洁净。纸质叶对生或互生。顶生圆锥花序，花瓣皱缩，花色艳丽，有“百日红”之称。蒴果椭圆状球形。

居民靓照

纸质叶对生

圆锥花序顶生

蒴果

居民风采

紫薇花色艳丽，为庭园观赏树种，有时亦作盆景。它的木材坚硬、耐腐，可作农具、家具、建筑等用材。树皮、叶及花为强泻剂。根和树皮煎剂可治咯血、吐血、便血。

居民互动

紫薇和紫荆是校园中两种常见的观赏植物，下图（　　）为紫薇。

A. 

B. 

答案：A

居民情怀

七月的骄阳炙烤着大地，
娇嫩的花儿们，
躲进了大地母亲的怀中。
紫薇啊，
向着热烈的阳光，冒着无常的风雨，
绽开了她的芳心。
深红、粉红、绛紫，
像烟火般绚烂，向着盛夏璀璨。

上海市曹杨中学　黄亦敏

居民基本信息

中文名： 红梅

别　名： 梅花

分　类： 被子植物门 > 双子叶植物纲 > 蔷薇目 > 蔷薇科 > 杏属

住　址： 上海市曹杨中学风雨操场两侧

特　征： 落叶小乔木。树干灰褐色，小枝细长绿色无毛。叶卵形，叶缘有细齿。花先于叶开放，花瓣 5 枚或重瓣，芳香。核果近球形。

居民靓照

叶卵形

花先于叶开放

核果

居民风采

红梅可地栽供观赏，还可以栽为盆花，制作梅桩。其花、叶、根和种仁均可入药。鲜花可提取香精。果实可食，制成乌梅入药，有止咳、止泻、生津、止渴之效。

居民互动

毛泽东在《卜算子·咏梅》中写到：“俏也不争春，只把春来报。待到山花烂漫时，她在丛中笑。”所指植物为（　　）。

A. 蜡梅　　　　B. 红梅

答案：B

居民情怀

寒冬之域，
倾城之中。
花开，是你凌霜傲雪的风骨神韵。
花落，是你凋零逝去的余香暗留。
花飞，是你流传千年的不屈不饶。
述离别，念故乡，咏美人，不知疲倦地浮现你的姿态。
投射在你身上的雅趣，同芬芳一齐被铭记。

上海市曹杨中学　吴申蕙

居民基本信息

中文名： 橘子树

别　名： 橘子

分　类： 被子植物门 > 双子叶植物纲 > 芸香目 > 芸香科 > 柑橘属

住　址： 上海市曹杨中学宿舍楼背面

特　征： 常绿小乔木，枝多叶密，有针刺。单生复叶，多为互生。花黄白色，单生或簇生叶腋。颖果，味甜酸，可食，果皮可入药。

居民靓照

单生复叶

黄白色花

颖果

居民风采

橘子树是集观花与赏果于一身的植物。橘子富含维生素C与柠檬酸，前者具有美容作用，后者具有消除疲劳的作用。橘子的肉、皮、络、核都是药，其中橘子皮又称陈皮，有理气健脾，燥湿化痰的功效。

居民互动

与橘子树的叶型类似的植物是（　　）。

A. 枇杷　　　　B. 柚子

答案：B

居民情怀

五月，
不是收获的季节。
而你，
断然散出白色的芬芳，
顶着阳光，冒着雷雨，
走向夏季。

上海市曹杨中学　徐竑辉

居民基本信息

中文名： 苏铁

别　名： 铁树、辟火蕉、凤尾蕉

分　类： 裸子植物门 > 苏铁纲 > 苏铁目 > 苏铁科 > 苏铁属

住　址： 上海市立达中学操场的西北角

特　征： 常绿乔木。羽状叶从茎的顶部生出，条形，厚革质，坚硬。雄球花圆柱形，雌花球状。种子稍扁，红褐色或桔红色。

居民靓照

羽状复叶

圆柱形雄球花

球状雌花

种子

居民风采

苏铁为优美的观赏树种。苏铁的茎内含淀粉，可供食用。种子含油和丰富的淀粉，微有毒，可供食用和药用，有治痢疾、止咳和止血之效。

居民互动

苏铁的枝杆坚硬，喜欢含铁质的肥料，所以被称为铁树。(　　)

A. 正确　　　　B. 错误

答案：A

居民情怀

学校操场上的铁树（苏铁）从没有枯黄的时候。四季常青的它，虽不及百花艳丽，却在严冬之际依然傲立，是那样的朴实坚毅，正如它的花语：坚贞不屈，坚定不移。铁树的精神与我校倡导刻苦踏实、好学多思的校风相吻合，立达学子们努力如铁树一般，克服困难，学有所长，立志成才！

上海市立达中学　俞箫菲　谢亦心

居民基本信息

中文名： 雪松

别　名： 塔松

分　类： 裸子植物门 > 松纲 > 松目 > 松科 > 雪松属

住　址： 上海市控江中学中心花坛

特　征： 常绿乔木，树冠尖塔形。叶针形，质硬。10—11 月开花。球果翌年成熟，椭圆状卵形，成熟时赤褐色。

居民靓照

质硬针形叶

球花

球果

居民风采

雪松是著名的庭园观赏树种。它具有较强的防尘、减噪与杀菌能力。雪松木材轻软，具树脂，不易受潮，也是一种重要的建筑用材。

居民互动

照片（　　）中的校园植物是雪松。

A. 

B. 

答案：A

居民情怀

雪压青松犹可坚，
日化融冰显高洁。
寒风拂翠无闲时，
久立世间纵千古。

上海市控江中学　王珂依

居民基本信息

中文名： 黑松

别　名： 白芽松

分　类： 裸子植物门 > 松柏纲 > 松柏目 > 松科 > 松属

住　址： 上海市延安中学松庭内

特　征： 常绿乔木，树皮带灰黑色。针叶 2 针一束，深绿色，有光泽，粗硬。雄球花圆柱形，雌球花单生或 2—3 个聚生于新枝近顶端，卵圆形。球果，鳞片裂开而散出种子。

居民靓照

针叶

（雌）球花

球果

居民风采

黑松是经济树种，可供更新造林、园林绿化及庭园造景。木材有松脂，可供建筑、农具、器具及家具等用，也可作木纤维工业原料。种子可榨油。

居民互动

以下图示中的校园植物为黑松的是（　　）。

A. 

B. 

答案：A

居民情怀

你，孤傲地站在那里，茕茕独立，孑然一身。
唯清风与朝霞相伴，
鲜有人放慢脚步驻足而观。
你，会寂寞吗？
你，撑开巍峨的树冠，恒久不变，孤芳自赏。
我，伫立在你面前，你博大，我渺小。
我听见了，你说，你轻轻地说：
我守着延安这片天，为的是要告诉你们：
延安人要自信、要自主、要自立、要自强！

上海市延安中学　汪馨依

居民基本信息

中文名： 桂花

别　名： 木犀、九里香、岩桂

分　类： 被子植物门 > 双子叶植物纲 > 捩花目 > 木犀科 > 木犀属

住　址： 上海市华东师范大学第三附属中学齐贤书院正门口

特　征： 常绿灌木或小乔木。革质叶对生，椭圆形。花腋生呈聚伞花序，花小，白色或黄色，有特殊香气。核果卵圆形。

居民靓照

叶对生

聚伞花序

核果

居民风采

桂花是集绿化、美化、香化于一体的观赏与实用兼备的优良园林树种。桂花可提取芳香油，可制糕点、糖果并可酿酒。桂花性温味辛，具有健胃、化痰、生津、散痰、平肝的作用。

居民互动

常见桂花的品种分为几类？(　　)

A. 2类　　　　B. 4类

答案：B

居民情怀

幽淡轻黄体性柔，
情疏迹远只留香。
莫羡三春桃与李，
桂花成实向秋荣。

华东师范大学第三附属中学　沈轩

居民基本信息

中文名： 樟树

别　名： 香樟、樟木、乌樟

分　类： 被子植物门 > 双子叶植物纲 > 樟目 > 樟科 > 樟属

住　址： 上海市理工大学附属中学教学楼前

特　征： 常绿大乔木。树皮黄褐色，有不规则纵裂。叶互生，卵状椭圆形，离基三出脉。圆锥花序腋生。果卵球形或近球形，浆果状核果，紫黑色。

居民靓照

互生叶

圆锥花序

浆果状核果

居民风采

樟树为常见的行道树，枝叶浓密，树形美观。樟树的根、干、枝、叶均可提取樟脑和樟油。樟树木材质优，可抗虫害、耐水湿，供建筑、造船、家具、箱柜、板料、雕刻等用。

居民互动

樟树的叶序与下列（　　）图所示相似。

A.

B.

答案：B

居民情怀

滋兰树蕙，桃李芬芳。我校建校已有六十余年，崇尚人文厚德，以理工见长。香樟大道在厚德人文中心前，沿着大道一路向前便能看到尚理石，香樟见证了一代代上理学子的成长。香樟树求实的精神，引领着同学们继往开来。

上海理工大学附属中学　田世祺

居民基本信息

中文名： 红枫

别　名： 红颜枫

分　类： 被子植物门 > 双子叶植物纲 > 无患子目 > 槭树科 > 槭属

住　址： 上海市朱家角中学新疆部附近

特　征： 落叶小乔木。树皮光滑，偏紫红色。单叶交互对生，掌状深裂，叶缘锐锯齿。紫色伞房花序顶生。翅果。

居民靓照

叶掌状深裂

伞房花序

翅果

居民风采

红枫是一种非常美丽的观叶树种，叶形优美、红色鲜艳持久，树姿错落美观，广泛用于园林绿地及庭院做观赏树。此外红枫的根、茎、叶还具有清热解毒、行气止痛的作用。

居民互动

落叶乔木红枫的果实类型属于（　　）。

A. 浆果　　　　B. 翅果

答案：B

居民情怀

红枫代表着热情和激情，总能给人带来希望，就像朱家角中学的老师们一直满怀热忱地培育学生，而在这里学习的学生们也都每天充满着生机和希望。

上海市朱家角中学　王诗苑

居民基本信息

中文名： 垂丝海棠

别　名： 垂枝海棠

分　类： 被子植物门＞双子叶植物纲＞蔷薇目＞蔷薇科＞苹果属

住　址： 上海市真如中学教学楼边

特　征： 落叶小乔木。叶互生，卵形或椭圆形。伞形总状花序，花梗细长，下垂，未开时红色，开后渐变为粉红色。果实梨形或倒卵形。

居民靓照

互生叶

伞形总状花序

果实梨形或倒卵形

居民风采

垂丝海棠叶茂花繁，丰盈娇艳，可地栽装点园林或制作盆景。花可制成中药，能调经和血，主治血崩。开花后结果酸甜可食，可制蜜饯。

居民互动

垂丝海棠花梗的形态为（　　）。

A. 细长，下垂　　　　B. 粗短，向上

答案：A

居民情怀

垂丝海棠的花语是游子思乡、离愁别绪、温和、美丽。真如中学作为一所 1946 年创办的老校，必定少不了整修与变迁，而近期的合并也印证了海棠的花语。虽然校舍已变，但真如的初心不变，学校的教育理念不变。

上海市真如中学　叶君豪

居民基本信息

中文名： 紫叶李

别　名： 红叶李

分　类： 被子植物门＞双子叶植物纲＞蔷薇目＞蔷薇科＞李属

住　址： 上海市育才中学综合楼图书馆外走道两侧

特　征： 落叶小乔木。树皮紫灰色。单叶互生，先端短尖，叶缘具尖细锯齿。花单生或簇生，白色或粉白色。核果近球形，熟时黄、红或紫色。

居民靓照

单叶互生

白色花

核果近球形

居民风采

紫叶李是常见的庭院观赏树种，有耐污染、适应力强的特性。果实含有比较丰富的矿物质和维生素，具有促进肠胃消化和润肠通便的作用。

居民互动

紫叶李的果实类型与（　　）相似。

A. 银杏　　　　B. 桃

答案：B

居民情怀

根深深地扎在肥沃的土壤里，
一点一点地向下。
叶儿慢慢地展望着蔚蓝的天，
一点一点地向上。
紫色的叶不断地召唤，
等待着春风的吹拂。
一夜之后，
白色的花儿露出脸庞，
簇拥着讨论昨晚的梦。
枝干突然伸了个懒腰，
花瓣随风舞蹈，
一片一片，
是春天的雪花。

上海市育才中学　谢晓羽

居民基本信息

中文名： 樱花

别　名： 东京樱花、日本樱花

分　类： 被子植物门 > 双子叶植物纲 > 蔷薇目 > 蔷薇科 > 樱属

住　址： 上海市甘泉外国语中学校门边、教学楼之间

特　征： 落叶乔木。树皮带银灰色。单叶互生，卵形，叶缘有芒齿，叶柄和叶片基部常有腺体。伞房状或总状花序，花瓣粉红色或白色。核果近球形。

居民靓照

单叶互生

叶柄和叶片基部有腺体

伞房状或总状花序

核果近球形

居民风采

樱树的花枝繁茂，如云似霞，是著名的早春观赏植物。它的叶是很受欢迎的食品包装材料。树皮和新鲜嫩叶可药用，花蕾也可以入药，有镇咳和祛风的作用。

居民互动

樱树叶的展开和花的开放顺序为（　　）。

A. 叶先展开之后花再开放　　　　B. 花先开放之后叶再展开

答案：B

居民情怀

众所周知，樱花为日本国花，我校以“民族情怀、国际视野”为校训，不忘初心，放眼世界。每到阳春三月，蕴含着多元文化的樱花节如火如荼地开展着，莘莘学子重回母校，追忆青春，象征希望的樱花见证了我校一代又一代师生对民族文化的传承和对广博视野的追寻。

上海市甘泉外国语中学　顾圆圆

居民基本信息

中文名： 白玉兰

别　名： 望春花、玉兰花

分　类： 被子植物门 > 双子叶植物纲 > 毛茛目 > 木兰科 > 木兰属

住　址： 上海市同济大学第二附属中学校门口

特　征： 落叶乔木。叶纸质，倒卵形。先花后叶，直立芳香。聚合果圆柱形，种子心形侧扁，外种皮红色，内种皮黑色。中国著名的花木，上海市市花。

居民靓照

叶倒卵形

花直立

聚合果

居民风采

白玉兰是名贵的观赏植物，花朵大，花形俏丽，开放时散发幽香。花中含有挥发油，具有一定的药用价值，性味辛、温，具有祛风散寒通窍、宣肺通鼻的功效。

居民互动

上海市市花为图（　　）所示植物。

A. 

B. 

答案：B

居民情怀

白玉兰的花繁而大，美观典雅，清香远溢，是上海市市花。上海是国际大都市，我校的发展与上海的变迁一脉相承。多年来，我校师生秉承“同舟共济，自强不息”的学校精神，始终坚持主动创新发展，以“特色化、优质化”为学校发展总目标，践行“科技与人文和谐发展”的办学理念，取得了丰硕的成果。

上海市同济大学第二附属中学　陈悦茹

居民基本信息

中文名： 紫玉兰

别　名： 木兰、辛夷

分　类： 被子植物门 > 双子叶植物纲 > 木兰目 > 木兰科 > 木兰属

住　址： 上海市进才中学夏荣楼旁

特　征： 落叶灌木或小乔木，树皮灰褐色。叶纸质，倒卵形。花瓶形，直立于粗壮、被毛的花梗上。花蕾卵圆形，被淡黄色绢毛，可入药。聚合蓇葖果。

居民靓照

叶纸质

瓶形花

聚合蓇葖果

居民风采

紫玉兰花大而美艳，气味幽香，具有较高的观赏价值。紫玉兰的树皮、叶主治鼻炎、头痛，作镇痛消炎剂。花蕾晒干后称辛夷，气香、味辛辣，对治疗急慢性鼻炎、鼻窦炎均有显著功效。

居民互动

辛夷是一味中药，它是下列(　　)果实的花蕾晒干后制成的。

A. 白玉兰　　　　　　　　B. 紫玉兰

答案：B

居民情怀

辛夷下，夕阳斜。
山吐绿芽，青枝生花。
江南无他画，玉兰荫几家。

紫玉兰作为我校历史最悠久的树种之一，亲历了自建校以来的沧桑巨变，它是一位历史的见证者，其优雅高洁的气质时刻提醒着进才学子成为“谦谦君子，大家闺秀”。

上海市进才中学　陈琪

居民基本信息

中文名： 泡桐

别　名： 白花泡桐、大果泡桐，空桐木

分　类： 被子植物门 > 双子叶植物纲 > 玄参目 > 玄参科 > 泡桐属

住　址： 上海市徐汇中学大门口

特　征： 落叶乔木。单叶对生，叶卵形。花大，淡紫色或白色，花冠钟形或漏斗形，顶生圆锥花序。蒴果卵形或椭圆形。

居民靓照

单叶对生

顶生圆锥花序

蒴果

居民风采

泡桐树姿优美，花色艳丽，有较强的净化空气能力，是城市和工矿区绿化的优良树种。其木材纹理通直，结构均匀，易于加工成家具、人造板和乐器等。其根有祛风解毒、消肿止痛的功效。果实有化痰止咳的作用。

居民互动

由于泡桐在幼年生长极快，因此可以推断其木质比较（ ）。

A. 致密　　　　B. 疏松

答案：B

居民情怀

喇叭吹开朵朵花，
疏篱小院影横斜。

这棵泡桐树静静地倚在徐汇中学的校门口，是无数徐中人记忆中最美的画面。春华秋实，每年它怒放的时候恰逢“二模”，提醒着毕业生们全力拼搏，展现自己的最佳状态。等到花儿凋落又恰逢拍毕业照的季节，不舍中又要送走一届学子。一届又一届的徐中人来来往往，泡桐树代表着这所百年老校焕发的青春活力，同时也承载着生生不息的徐中精神。

上海市徐汇中学　殷紫理

居民基本信息

中文名： 柚

别　名： 文旦

分　类： 被子植物门 > 双子叶植物纲 > 芸香目 > 芸香科 > 柑橘属

住　址： 上海市晋元附校室内体育馆门口

特　征： 常绿乔木。单身复叶互生，大而厚，心脏形。花大，常簇生成总状花序。柑果的果实大，近圆球形，成熟时呈淡黄色或橙色。

居民靓照

叶互生

总状花序

柑果

居民风采

柚树势高大。果实甜酸适口，可供生食或加工。果皮可制蜜饯，有宽中理气、化痰止咳的功效。叶有解毒消肿的作用。其叶、花和果皮均可提取芳香油。

居民互动

我们吃的柚子果肉，其实是（　　）。

A. 外果皮

B. 中果皮

C. 内果皮内壁的腺毛

答案：C

居民情怀

柚子树是我们学校的代表植物，它见证了晋元学子不断成长的脚步。柚子树上结的果实总是给人生机勃勃的感觉，为校园增添了很多生气。每当看到它孕育的果实，就会想到培育我们的晋元附校，老师们一直默默付出。我们学校的校训是“厚德而行，行践而立”，柚子树身上无私付出、默默奉献的品质与我们学校的育人理念相匹配，这也是我们推荐它的理由。

上海市晋元附校　蒋孝睿

居民基本信息

中文名： 黄连木

别　名： 楷木

分　类： 被子植物门 > 双子叶植物纲 > 无患子目 > 漆树科 > 黄连木属

住　址： 上海市崇明中学教学楼石雕旁

特　征： 落叶乔木。羽状复叶互生。花小，单性异株，圆锥花序腋生，雄花排列紧密，雌花排列疏松。核果球形。

居民靓照

羽状复叶互生

圆锥花序

球形核果

居民风采

黄连木先叶后花，树冠浑圆，枝叶繁茂而秀丽。种子可榨油，是优良的木本油料树种。木材坚硬致密，可作雕刻用材。黄连木的树皮及叶可入药，根、枝、叶、皮还可制成农药。

居民互动

用含黄连木树胶的组合物涂抹皮肤，能使皮脂分泌得到控制，防止皮肤油腻，同时还具有抗老化效能。(　　)

A. 错误　　　　　　　　　B. 正确

答案：B

居民情怀

人傍树荫幽，
树响微风柔。
晨露点书卷，
暮时空想楼。

我校石雕旁的黄连木坚韧挺拔、郁郁葱葱，石雕上则刻有我校校训“志存高远，自强不息”，这棵高大的黄连木与我校精神文化默契相连。

上海市崇明中学　杨惠雯

居民基本信息

中文名： 枫杨

别　名： 麻柳

分　类： 被子植物门 > 双子叶植物纲 > 胡桃目 > 胡桃科 > 枫杨属

住　址： 上海市嘉定区第二中学李园未济湖畔

特　征： 落叶乔木。幼树树皮平滑，老时深纵裂。叶多为羽状复叶，长椭圆形。葇荑花序生于枝条上叶痕腋内或顶生。翅果长椭圆形。

居民靓照

羽状复叶

翅果

居民风采

枫杨树冠宽广，枝叶茂密，生长迅速，是一种常见的庭荫树和防护树种。作为木材，枫杨色白质软，可作家具及火柴杆等。树皮还有祛风止痛、杀虫、敛疮等功效。

居民互动

枫杨的果实与以下校园植物（　　）类似。

A. 柳树　　　　B. 鸡爪槭

答案：B

居民情怀

嘉定二中历史悠久，如同枫杨纵裂干燥的树皮中透露出的沧桑变迁。枫杨的树叶又密又细碎，就如二中一届又一届努力进取的学子们。每当初夏，枫杨树下会挂满一串串清亮的绿色翅膀，就如被评为特色高中后展翅翱翔的二中，让枫杨树和我们师生一起来见证更加美好的二中未来吧！

上海市嘉定二中　查祎伟

居民基本信息

中文名： 榉树

别　名： 光叶榉

分　类： 被子植物门 > 双子叶植物纲 > 荨麻目 > 榆科 > 榉属

住　址： 上海市市北中学操场边

特　征： 落叶乔木。树皮老时呈薄片状剥落。叶纸质，单叶互生，卵形，叶缘具锯齿。花单性（少杂性）同株。核果几乎无梗，淡绿色。

居民靓照

单叶互生

单性花

淡绿色核果

居民风采

榉树树姿端庄，高大雄伟，秋叶变成褐红色，是观赏秋叶的优良树种。其木材纹理细密、质坚，能耐水，供桥梁、家具用材。榉树皮和叶供药用，可去热、止热痢、治肿烂恶疮。

居民互动

榉树在秋天叶片变色的主要原因是(　　)。

A. 温度的变化　　B. 光照强度的变化

答案：A

居民情怀

在中国古代，因“榉”与“举”谐音，上至士绅门第，下至平民百姓均自发地挖取野生榉苗种植于房前屋后，取其“中举”之意。在现代，榉树也以挺拔繁茂的风姿，与市北中学这所百年老校的登攀精神相契合，其中也蕴含了母校对学子们高考中“榉”，不断求实进取品格的期许。

上海市市北中学　马培钦

居民基本信息

中文名： 石榴

别　名： 安石榴、丹若

分　类： 被子植物门 > 双子叶植物纲 > 桃金娘目 > 石榴科 > 石榴属

住　址： 上海市经济管理学校假山旁

特　征： 落叶小乔木或灌木。单叶，对生或簇生。花单生或几朵簇生或组成聚伞花序，近钟形。浆果近球形。

居民靓照

对生单叶

单生花

近球形浆果

居民风采

石榴花大色艳，花期长，果实色泽艳丽。由于其既能赏花，又可食果，因而深受人们喜爱。石榴叶具收敛止泻、解毒杀虫的作用。石榴皮有涩肠止泻、止血、驱虫的作用。石榴花则能治疗鼻衄、中耳炎、创伤性出血。

居民互动

石榴是（　　）的国花。

A. 意大利　　　　B. 西班牙

答案：B

居民情怀

学校假山旁的石榴花是我们心中最美丽的植物。

六月的枝头，随风摇曳，粉色的花瓣在阳光中幻化成透明的蝶。她们召唤着清晨，募集着雨露，似乎想在雨中酣畅地跳一曲霓裳之舞。

她们的舞蹈跃动在枝头，也拨动着我的心弦。成熟美丽的石榴花啊，希望我们能如你一般，集自然之滋养，蕴独特之风姿，展魅力之韵致。

我们学校的校训是"博文雅人，转识成智"。在母校，我们努力实现美丽转身。而石榴花象征着成熟之美，与我们学校的校园文化十分契合。

上海市经济管理学校　梁兵艳

居民基本信息

中文名： 栾树

别　名： 木栾、栾华

分　类： 被子植物门＞双子叶植物纲＞无患子目＞无患子科＞栾树属

住　址： 上海市曙光中学操场边

特　征： 落叶乔木或灌木。叶多为一回、不完全二回羽状复叶，对生或互生，纸质，卵形。花淡黄色，聚伞圆锥花序。蒴果圆锥形，具3棱，顶端渐尖。

居民靓照

羽状复叶

花淡黄色

蒴果

居民风采

栾树季相明显，常栽培作庭园观赏树种，春季观叶，夏季观花，秋冬观果。木材黄白色，易加工，可制家具。叶可作蓝色染料。花供药用，有清肝明目的功效，亦可作黄色染料。种子可榨油。

居民互动

我国寺庙多栽栾树，除了作景观树之外，还因栾果能（　　）。

A. 做佛珠　　　　B. 制肥皂

答案：A

居民情怀

我校是一所具有光荣革命传统与深厚文化底蕴的上海名校。夏末的雨带来秋天的脚步，在学校的操场边有一排栾树，葱绿的枝桠间，挂满了一串串黄花红果。栾树生命力顽强，它的花语为绚烂的一生，象征着每位曙光学子“沐曙光、循大道”、不畏艰难，勇往直前追求光明前途的优秀品质！

上海市曙光中学　于梦晓　张昕玥

灌木

居民基本信息

中文名： 红花檵木

别　名： 红檵木

分　类： 被子植物门 > 双子叶植物纲 > 蔷薇目 > 金缕梅科 > 檵木属

住　址： 上海市曹杨中学大门旁

特　征： 常绿灌木或小乔木。革质叶互生，卵形，全缘，越冬老叶暗红色。花呈顶生头状或短穗状花序，花瓣 4 枚，紫红色，带状线形。蒴果卵圆形。

居民靓照

革质叶互生

带状线形花瓣

蒴果

居民风采

红花檵木枝繁叶茂，姿态优美，耐修剪，广泛用于色篱、模纹花坛、灌木球、桩景造型、盆景等城市绿化美化。花开时节，满树红花，极为壮观。

居民互动

红花檵木小枝上的毛称为（　　）。

A. 绒毛

B. 星毛

答案：B

居民情怀

你被余晖照耀，
抹不去晚霞羞红。
你被四季轮转，
碾不碎木质坚韧。

上海市曹杨中学　张乐陶

居民基本信息

中文名： 山茶

别　名： 山椿、耐冬、茶花

分　类： 被子植物门 > 双子叶植物纲 > 侧膜胎座目 > 山茶科 > 山茶属

住　址： 上海市曹杨中学校史馆两侧

特　征： 常绿灌木或小乔木。叶卵形或椭圆形，边缘有细锯齿，革质，表面亮绿色。花单生，单瓣或重瓣。蒴果圆球形。

居民靓照

革质叶

花单生

蒴果圆球形

居民风采

山茶是重要的观赏花木。山茶花具有收敛、止血、凉血、调胃、理气、散瘀、消肿等疗效。山茶种子含有丰富的不饱和脂肪酸，俗称茶子油，适合心血管病患者食用。

居民互动

山茶为中国传统十大名花之一，郭沫若曾赋诗赞美："人人都道牡丹好，我道牡丹不及茶。"图中为山茶的是（　　）。

A. 

B. 

答案：B

居民情怀

温柔的云朵晕开了她的腼腆，
偏私的烈日却吞噬她的生艳。
她将化成沧桑中的一团火焰，
倔强地燃烧着角落的日夜，
高傲地宣誓着生命的尊严：
"我若凤凰，将浴火重生。"

上海市曹杨中学　朱笑婷

居民基本信息

中文名： 红叶石楠

别　名： 火焰红、千年红、酸叶石楠

分　类： 被子植物门 > 双子叶植物纲 > 蔷薇目 > 蔷薇科 > 石楠属

住　址： 上海市曹杨中学教学楼两侧

特　征： 常绿灌木或小乔木。叶革质，互生。复伞房花序顶生，花白色。梨果球形。春秋两季，红叶石楠的新梢和嫩叶火红，色彩艳丽持久，极具生机。

居民靓照

革质叶互生

复伞房花序顶生

球形梨果

居民风采

红叶石楠生长速度快，萌芽性强，耐修剪，可根据园林需要栽培成不同的树形，在园林绿化上用途广泛，被誉为“红叶绿篱之王”。

居民互动

图示为校园中的两个灌木球，观察外部形态特征，你认为红叶石楠是(　　)。

A. 

B. 

答案：A

居民情怀

小满初见坛中雪，
立如火炬卧如龙。
小暑惊闻新绿跃，
展叶清亮点红浓。

上海市曹杨中学　闵茗

居民基本信息

中文名： 金叶女贞

别　名： 黄叶女

分　类： 被子植物门 > 双子叶植物纲 > 捩花目 > 木犀科 > 女贞属

住　址： 上海市曹杨中学教学楼背面

特　征： 半常绿灌木。单叶对生，椭圆形。总状花序，小花白色。核果阔椭圆形，紫黑色。在生长季节叶色呈鲜丽的金黄色，被誉为“金玉满堂”。

居民靓照

单叶对生

总状花序

阔椭圆形核果

居民风采

金叶女贞在生长季节叶色呈金黄色，具极佳的观赏效果，因此大量应用于园林绿化中，组成图案和建造绿篱。金叶女贞还具有收敛利尿，兴奋等功效，可以用来缓解肌肉疼痛。

居民互动

金叶女贞的花语是（　　）。

A. 健康、长寿和富贵　　　　B. 永远不变的爱

答案：B

居民情怀

团团簇簇春葳蕤，
欣欣向荣爱朱羲。
美人不折自春色，
历夏经冬犹本心。
女贞素花如米小，
也学红艳展风笑。
徒言木犀桂华皎，
金玉满堂也应好。

上海市曹杨中学　代有好

居民基本信息

中文名： 瓜子黄杨

别　名： 黄杨、千年矮

分　类： 被子植物门 > 双子叶植物纲 > 无患子目 > 黄杨科 > 黄杨属

住　址： 上海市曹杨中学校道边

特　征： 常绿灌木或小乔木，枝四棱形。革质叶对生，全缘，表面亮绿色，背面黄绿色。花簇生，黄绿色。蒴果卵圆形。是制作盆景的珍贵树种。

居民靓照

革质叶对生

花簇生

蒴果卵圆形

居民风采

瓜子黄杨属于绿篱树种，不但可以修饰美化环境，还可以减少噪音、防尘、防污染。同时它的木材坚硬细密，是雕刻工艺的上等材料。根、叶可入药，主治风湿关节痛、痢疾、跌打损伤等。

居民互动

瓜子黄杨的主要价值包括(　　)。

A. 盆景　　B. 木雕　　C. 药物　　D. 以上都是

答案：D

居民情怀

露沾圆叶映枝头，
绿驻丛中过春秋。
古曰自是性坚贞，
苦于增生但方寸。
良材需等三六旬，
却为闰年退十分。
又有野螟吞噬尽，
秃枝无绿更显轻。
已是黄昏归鸟来，
独立林中任秋飒。

上海市曹杨中学　唐之杭

居民基本信息

中文名： 蔷薇

别　名： 多花蔷薇、蔓性蔷薇、墙蘼

分　类： 被子植物门 > 双子叶植物纲 > 蔷薇目 > 蔷薇科 > 蔷薇属

住　址： 上海市曹杨中学操场塑胶跑道边

特　征： 落叶灌木。茎杆通常有皮刺。叶互生，奇数羽状复叶，叶缘有锐锯齿，两面有短柔毛。圆锥状伞房花序，多色芳香。果实近球形。

居民靓照

羽状复叶互生

圆锥状伞房花序

近球形果实

居民风采

蔷薇的枝干成半攀缘状，可依架攀附成各种形态，宜布置于花架、花墙等处。夏日花繁叶茂，确有“密叶翠幄重，秾花红锦张”的景色。亦可制成小灌木状，作盆花。

居民互动

图示植物与蔷薇的叶序类似的是(　　)。

A. 

B. 

答案：B

居民情怀

繁茂的新绿迎春风攀延，
久违的相拥换满墙灿烂。
你红不过玫瑰，
你香不过栀子，
唯有风，
抚摸你的花蕾，
贪婪你的香味。

上海市曹杨中学　吕雪飞

居民基本信息

中文名： 月季

别　名： 月月红、月月花、四季花

分　类： 被子植物门 > 双子叶植物纲 > 蔷薇目 > 蔷薇科 > 蔷薇属

住　址： 上海市曹杨中学教学楼前的花坛中

特　征： 灌木。小枝有短粗的钩状皮刺，叶互生，奇数羽状复叶，叶缘有锯齿。花单生成数朵簇生于枝顶，呈伞房花序或圆锥花序，花色丰富，花形多样。蔷薇果为球形或梨形。

居民靓照

羽状复叶互生

花单生

蔷薇果

居民风采

月季适用于美化庭院，装点园林，配植花篱、花架。由于月季容易栽培，可作切花。花朵可提取香精，并可入药，有较好的抗真菌效果。

居民互动

校园植物中的（　　）被称为花中皇后，又称“月月红”。

A. 月季　　　　B. 山茶

答案：A

居民情怀

叶蕊含苞月月新，
花开花落四季迎。
有颜有色有娇媚，
有根有叶有性灵。
花园温室皆可栽，
不惧风寒独娇艳。
招蜂诱蝶驻足赏，
花中皇后美名扬。

上海市曹杨中学　薛佳宁

居民基本信息

中文名： 火棘

别　名： 火把果、救军粮、红子刺

分　类： 被子植物门 > 双子叶植物纲 > 蔷薇目 > 蔷薇科 > 火棘属

住　址： 上海市曹杨中学教学楼旁虬江河边

特　征： 常绿灌木。侧枝短，先端成刺状。叶互生，在短枝上簇生。复伞房花序，花白色。果实近球形，橘红或深红色。

居民靓照

叶互生（短枝簇生）

复伞房花序

果实近球形

居民风采

火棘适应性强，耐修剪，喜萌发，作绿篱具有优势。火棘的果实含有丰富的有机酸、维生素和多种矿质元素，可鲜食，也可加工成各种饮料。

居民互动

火棘的果实为（　　）。

A. 浆果　　　　B. 梨果

答案：A

居民情怀

遥似灯笼挂满枝，
近叹艳果妒群芳。
三国尝作救军粮，
时今亦可甘人心。
满堂红星节节高，
树形优美坠繁花。
雪压冰覆不惧冬，
依旧亭亭于园中。

上海市曹杨中学　丁悦阳

居民基本信息

中文名： 含笑

别　名： 含笑美、含笑梅、山节子

分　类： 被子植物门 > 双子叶植物纲 > 木兰目 > 木兰科 > 含笑属

住　址： 上海市曹杨中学操场升旗台旁

特　征： 常绿灌木或小乔木。单叶互生，椭圆形，绿色光亮，厚革质，全缘。花单生叶腋，花瓣6枚，肉质淡黄色，边缘常带紫晕，有香蕉的气味。卵圆形聚合果。

居民靓照

革质叶互生

花单生

聚合果

居民风采

含笑在园艺中以盆栽为主，庭园造景次之。含笑具有抗氧化作用，从而能延缓人体的衰老过程，此外还有安神解郁、凉血解毒、护肤养颜的功效。

居民互动

含笑的主要价值包括（　　）。

A. 盆景　　B. 美容保健　　C. 药物　　D. 以上都是

答案：D

居民情怀

素不染红尘，
留香济世人。
前生天已定，
含笑看今生。

上海市曹杨中学　陆屹

居民基本信息

中文名： 迎春花

别　名： 迎春、黄素馨、金腰带

分　类： 被子植物门 > 双子叶植物纲 > 捩花目 > 木犀科 > 素馨属

住　址： 上海市曹杨中学教学楼前的花坛中

特　征： 落叶灌木。枝条弯曲，四棱形。叶对生，三出复叶。花单生，先于叶开放，有清香，黄色。

居民靓照

叶对生

四棱形枝条

花单生

居民风采

迎春花的枝条披垂，花色金黄，叶丛翠绿，具有良好的绿化效果。叶能活血解毒，消肿止痛，可用于治疗肿毒恶疮、跌打损伤、创伤出血。花可用于治疗发热头痛，小便涩痛。

居民互动

下列哪种花与梅花、水仙和山茶花统称为“雪中四友”？（　　）

A. 白玉兰　　B. 兰花　　C. 迎春花　　D. 含笑

答案：C

居民情怀

金黄色的迎春花啊，
正在层层叠叠地开放。
一株株，一簇簇，
像迎宾的少女，美丽大方，悠扬欢畅。
沐着春风，浴着阳光，
她疏影横斜，她绰约多姿，她明洁鲜亮。
浓而不艳，清而不淡，
悄然怒放，繁星激荡。
迎春花，
没有牡丹之名贵，没有月季之堂皇，
却甘当春的使者，迎来万花歌唱。

上海市曹杨中学　施羽洁

居民基本信息

中文名：八角金盘

别　名：手树

分　类：被子植物门 > 双子叶植物纲 > 伞形目 > 五加科 > 八角金盘属

住　址：上海市曹杨中学教学楼背面

特　征：常绿灌木或小乔木。叶大，掌状，质厚，有光泽，边缘有锯齿。圆锥花序顶生，花白色。浆果球形，紫黑色。其性耐荫，常作为观叶植物。

居民靓照

掌状叶

圆锥花序

球形浆果

居民风采

八角金盘四季常青，叶片硕大，叶形优美，浓绿光亮，是深受欢迎的室内观叶植物。八角金盘还能化痰止咳、散风除湿、化瘀止痛。此外，它还有吸收空气中的有害气体，净化空气的作用。

居民互动

八角金盘能够吸收空气中的甲醛等有害气体，净化空气。(　　)

A. 正确　　　　B. 错误

答案：A

居民情怀

不嫌荫篱叶深碧，
八角斗聚八方财。
寒时渐展花心蕊，
落根无垠白雪皑。

上海市曹杨中学　李浩

居民基本信息

中文名：常春藤

别　名：土鼓藤、钻天风、三角风

分　类：被子植物门 > 双子叶植物纲 > 伞形目 > 五加科 > 常春藤属

住　址：上海市曹杨中学办公楼左侧

特　征：常绿攀援灌木。有气生根。单叶互生。伞形花序，花小，黄白色或绿白色。果实球形，浆果状，黄色或红色。

居民靓照

气生根

叶互生

球形果

居民风采

常春藤叶色浓绿，是室内外垂直绿化的理想材料，对降低空气中甲醛、苯等有害物质的浓度有明显效果。此外，常春藤还有祛风除湿、平肝解毒的作用，多用于风湿性关节炎、肝炎等疾病的治疗。

居民互动

以下关于常春藤的说法，(　　)是错误的。

A. 叶对生　　B. 叶互生

C. 有祛风湿，活血消肿的作用　　D. 可用作室内外绿化

答案：A

居民情怀

春回芽恍窗，
夏至绿游墙。
秋来翠成湖，
冬临青犹望。

上海市曹杨中学　许冯霏

居民基本信息

中文名： 海桐

别　名： 海桐花、山矾、七里香

分　类： 被子植物门 > 双子叶植物纲 > 蔷薇目 > 海桐科 > 海桐花属

住　址： 上海市曹杨中学风雨操场两侧

特　征： 常绿灌木或小乔木。单叶互生，有时在枝顶呈轮生状，革质，有光泽。近伞形花序生于枝顶，芳香，花初开时白色，后变黄。蒴果圆球形，成熟时三瓣状开裂，种子鲜红色。

居民靓照

革质叶

伞形花序

球形蒴果

居民风采

海桐四季常青，是园林建设中必不可少的植物。它还具有药用价值，可祛风活络、散瘀止痛。叶可做媒染剂。果实可榨油。树材可制作家具、农具或其他工具。

居民互动

海桐的花序与（　　）相似。

A. 石蒜　　　　B. 紫罗兰

答案：A

居民情怀

春风十里江南绿，
海桐花开十里香。
香随风去飘无迹，
独留红珠缀金秋。

上海市曹杨中学　沈君豪

居民基本信息

中文名： 金丝桃

别　名： 土连翘

分　类： 被子植物门＞双子叶植物纲＞侧膜胎座目＞藤黄科＞金丝桃属

住　址： 上海市曹杨中学办公楼右侧

特　征： 半常绿灌木。叶纸质，对生，长椭圆形。常见3—7朵集合成聚伞花序着生在枝顶，花色金黄，其呈束状纤细的雄蕊花丝灿若金丝。蒴果近球形。

居民靓照

叶对生

聚伞花序

蒴果

居民风采

金丝桃花叶秀丽，是南方庭院的常用观赏花木。同时其根、茎、叶、花和果均可入药，能抗抑郁、镇静、抗菌消炎、收敛创口，抗病毒作用突出。从中提取的金丝桃素贵若黄金，应用于美容医疗。

居民互动

“为惜春风去渺茫，不堪回首忆刘郎。慢裁金缕作衣裳。剩残妆。吐出丝丝惹恨长。”明朝高濂的这首诗描写的植物是（　　）。

A. 月季　　B. 海棠　　C. 金丝桃　　D. 牡丹

答案：C

居民情怀

灿若金丝，
翘如鸾尾。
掌上轻盈，
柔弱托底。
开时一片过路黄，
金丝蝴蝶翩翩飞。
娇媚哀婉一舞毕，
抽尽心丝为盛开。

上海市曹杨中学　李欣怡

居民基本信息

中文名： 日本珊瑚树

别　名： 法国冬青、珊瑚树、早禾树

分　类： 被子植物门 > 双子叶植物纲 > 茜草目 > 忍冬科 > 荚蒾属

住　址： 上海市曹杨中学图书馆左侧

特　征： 常绿灌木或小乔木。树皮灰褐色，有凸起的小瘤状皮孔。叶对生，革质，表面深绿色有光泽。圆锥花序，花白色，芳香。核果倒卵形，红色。

居民靓照

革质叶对生

圆锥花序

核果

居民风采

日本珊瑚树是一种理想的园林绿化树种，对煤烟和有毒气体具有较强吸收能力。此外，它的根、树皮、叶具有清热祛湿，通经活络，拔毒生肌之功效，可用于感冒、跌打损伤的治疗。

居民互动

日本珊瑚树的果实与(　　)相似。

A. 桃　　　　B. 葡萄

答案：A

居民情怀

风抚珊瑚树，叶摇满青枝。
雨撒娇艳露，珠滑翠始出。
冠洁丈丈高，春过欣欣赴。
潇洒遮日入，莘莘学子悟。

上海市曹杨中学　沈平萱

居民基本信息

中文名： 蜡梅

别　名： 金梅、蜡花、蜡木

分　类： 被子植物门 > 双子叶植物纲 > 樟目 > 蜡梅科 > 蜡梅属

住　址： 上海市曹杨中学校门旁、风雨操场左侧

特　征： 落叶灌木，常丛生。叶对生，纸质，椭圆状卵形至卵状披针形，全缘。冬末先叶开花，花单生于枝条叶腋，黄色，带蜡质，芳香浓郁。瘦果。

居民靓照

纸质叶对生

花单生

瘦果

居民风采

蜡梅是冬季赏花的理想名贵花木。蜡梅花含有芳樟醇、龙脑、桉叶素等多种芳香物，是制作高级花茶的香花之一。花亦可入药，具有解暑生津、顺气、止咳、解毒生肌之效。

居民互动

蜡梅先长叶后开花，花黄似腊，浓香扑鼻，是冬季观赏主要花木。(　　)

A. 正确　　　　B. 错误

答案：B

居民情怀

傲立于冽冽寒风，
孤艳于皑皑白雪。
蜡梅花小而香幽，
枝曲却胜数千芳。

上海市曹杨中学　陈钧霆

居民基本信息

中文名： 南天竹

别　名： 南天竺、红枸子、天竹

分　类： 被子植物门 > 双子叶植物纲 > 毛茛目 > 小檗科 > 南天竹属

住　址： 上海市曹杨中学人工湿地旁

特　征： 常绿小灌木。老茎浅褐色，幼枝红色。叶互生，三回羽状复叶，小叶椭圆状披针形。圆锥花序，花小，白色。浆果球形，鲜红色。

居民靓照

三回羽状复叶

圆锥花序

浆果球形

居民风采

南天竹是很好的观叶、观花、观果植物。根和茎可以清热除湿，通经活络，用于治疗感冒发热、眼结膜炎、肺热咳嗽等病症。果实可以止咳平喘，用于治疗咳嗽、哮喘、百日咳等病症。

居民互动

南天竹的花语为(　　)。

A. 万事顺利　　　　B. 吉祥、长寿

答案：B

居民情怀

熠熠南天竹，
盈盈待日出。
秋来漫山溪，
红豆岂相如。

上海市曹杨中学　葛荣烨

居民基本信息

中文名： 金边黄杨

别　名： 金边冬青卫矛

分　类： 被子植物门 > 双子叶植物纲 > 无患子目 > 卫矛科 > 卫矛属

住　址： 上海市曹杨中学教学楼旁、操场跑道边

特　征： 常绿灌木。单叶对生，革质，叶缘黄色，有光泽。聚伞花序，花绿白色。蒴果球形，淡红色。

居民靓照

革质叶对生

聚伞花序

居民风采

金边黄杨是常见的观叶植物，叶色亮泽，嫩叶鲜绿，其斑叶尤为美观，是理想的绿篱和盆景材料。而且金边黄杨具有很好的抗污染性，可以有效对抗二氧化硫，是严重污染工矿区首选的常绿植物。

居民互动

金边黄杨属于(　　　)的变种。

A. 瓜子黄杨　　　　　　B. 大叶黄杨

答案：B

居民情怀

初升的朝阳，
幻化作你的金边。
严肃正义，
是你美好的祝愿。
你送来盛夏，
携着美好的明天。

上海市曹杨中学　陆畅

居民基本信息

中文名： 三角梅

别　名： 光叶子花、宝巾、簕杜鹃

分　类： 被子植物门 > 双子叶植物纲 > 中央种子目 > 紫茉莉科 > 叶子花属

住　址： 上海市曹杨中学图书馆大门前

特　征： 藤状灌木。茎粗壮，枝下垂，刺腋生。叶互生，纸质，卵形或卵状披针形。花顶生，通常 3 朵簇生在 3 枚苞片内。瘦果。

居民靓照

纸质叶互生

花顶生

居民风采

三角梅的苞片大，色彩鲜艳如花，宜庭园种植或盆栽观赏，观赏价值很高。其叶可作药用，捣烂敷患处，有散淤消肿的功效。其花可作药材基原，活血调经，化湿止带。

居民互动

三角梅的花语是（　　）。

A. 热情、坚韧不拔、顽强奋进　　　　B. 青春欢笑

答案：A

居民情怀

春生烂漫开无主，
倚戏溯风缀满途。
映日浓芳含柔蕊，
举目丹朱画几簇。

上海市曹杨中学　张未孜

居民基本信息

中文名： 洒金桃叶珊瑚

别　名： 花叶青木

分　类： 被子植物门 > 双子叶植物纲 > 山茱萸目 > 山茱萸科 > 桃叶珊瑚属

住　址： 上海市格致中学校内花园中

特　征： 常绿灌木。革质叶对生，叶片近椭圆形，散生大小不等的黄色或淡黄色斑点。圆锥花序顶生，花紫红色或暗紫色。浆果状核果，鲜红色。

居民靓照

叶对生

圆锥花序顶生

核果

居民风采

洒金桃叶珊瑚的叶片黄绿相映，十分美丽，是优良的耐阴树种，宜栽植于园林的庇荫处或树林下，也可盆栽供室内布置于厅堂、会场等处。它对烟尘和大气污染的抗性也很强。

居民互动

洒金桃叶珊瑚是(　　　)植物。

A. 山茱萸科　　　　　　　　B. 蔷薇科

答案：A

居民情怀

花叶青木的叶和其他植物的叶不一样，绿色中缀满金灿灿的斑点，所以人们给它起了另一个好听的名字：洒金桃叶珊瑚。即使在深秋，不管秋风如何吹，秋雨如何打，它的叶片浓绿依旧，始终保持着生机和活力，正如格致中学这所百年老校，骐骥之姿，千里之奔。

上海市格致中学　季维丰

居民基本信息

中文名： 毛杜鹃

别　名： 锦绣杜鹃

分　类： 被子植物门 > 双子叶植物纲 > 杜鹃花目 > 杜鹃花科 > 杜鹃属

住　址： 上海市徐汇区五十四中学教学楼旁

特　征： 半常绿灌木。幼枝密生淡棕色伏毛。叶互生，叶表、背均有毛。伞形花序顶生，花冠阔漏斗形，玫瑰红至亮红色。蒴果卵球形。

居民靓照

叶互生

花冠阔漏斗形

蒴果

居民风采

毛杜鹃成片栽植，开花时烂漫似锦，万紫千红，可增添自然景观效果。毛杜鹃的花能提纯精油，具明显美容效果。根可入药，具祛风除湿的功效。

居民互动

“又是一年花开时，漫山毛鹃别样红。”与诗中的毛鹃属于同一个科的植物是（　　）。

A. 吊钟花　　　　B. 芍药

答案：A

居民情怀

徐汇区五十四中学以“弘爱求实，人人发展”的教育理念来培育莘莘学子。毛杜鹃鲜艳欲滴的色彩代表着爱的喜悦，就如五十四中学给予我们的关爱和指引，让我们每个学生的人生梦想在心底发芽，努力成为独特的自我。同样，我们也爱着我们的母校，愿意将爱的喜悦不断分享和传递！

上海市第五十四中学　毛祉萱

居民基本信息

中文名： 栀子花

别　名： 栀子、黄栀子

分　类： 被子植物门 > 双子叶植物纲 > 茜草目 > 茜草科 > 栀子属

住　址： 上海市澄衷高级中学校廊旁

特　征： 常绿灌木。单叶对生或三叶轮生，叶片倒卵形，革质，翠绿有光泽。花芳香，单生于枝顶或叶腋。浆果卵形。

居民靓照

三叶轮生

单生花

浆果卵形

居民风采

栀子花的叶色四季常绿，花芳香，为重要的庭院观赏植物。其花、果实、叶和根可入药，有泻火除烦、清热利尿、凉血解毒之功效。花可做茶之香料，木材坚实细密可供雕刻。

居民互动

栀子花的原产国是(　　)。

A. 美国　　　　B. 中国

答案：B

居民情怀

栀子花的花语是“喜悦”，就如生机盎然的夏天充满了未知的希望和欣喜。我们学校即将迎来建校120周年，我也将在那一年完成我的高中学业。我希望在高考中满载而归，完美地画上句号，献上庆祝母校120周年的最好礼物。未来充满了未知，一切都会在6月结出果实，如同栀子花般，从冬季开始孕育花苞，直到芒种才会绽放，含苞期愈长，清芬愈久远。

上海市虹口区澄衷高级中学　尤梓倩

居民基本信息

中文名： 五色梅

别　名： 山大丹、如意草、五彩花

分　类： 被子植物门 > 双子叶植物纲 > 管状花目 > 马鞭草科 > 马缨丹属

住　址： 上海市三林中学图书馆前

特　征： 直立或半蔓性灌木。茎枝均呈四方形，有短柔毛。单叶对生，叶片卵形。头状花序。果实圆球形。

居民靓照

单叶对生

头状花序

果实圆球形

居民风采

五色梅花色美丽，观花期长，嫩枝柔软，适合制作盆景。根或全株可入药，有清热解毒、散结止痛、祛风止痒的功效。其枝叶与花朵中会挥发出蚊蝇敏感的气味，具有驱逐蚊蝇的功效，对人体无害。

居民互动

五色梅的花语是（　　）。

A. 高洁、坚强　　　　B. 开朗、活泼

答案：B

居民情怀

我校创立于1896年（清光绪年间），是一所具有深厚文化底蕴的百年老校，也是上海市首批重点中学。学校一贯治学严谨，学风淳朴，学习氛围浓厚，同学们团结友爱，互帮互助。

校园的图书馆前盛开的五色梅是开朗、活泼的象征，同时五彩的头状花序象征着和睦团结。五色梅的美好寓意和学校始终秉承的教学理念、育人方针不谋而合。

上海市三林中学　陈芷盈

居民基本信息

中文名： 绣球

别　名： 八仙花

分　类： 被子植物门 > 双子叶植物纲 > 蔷薇目 > 绣球花科 > 绣球属

住　址： 上海市南汇中学宿舍楼下

特　征： 灌木。叶对生，卵形，叶缘有锯齿。花于枝顶集成聚伞花序，因其形态如绣球，故名。长陀螺状蒴果。

居民靓照

叶对生

聚伞花序

长陀螺状蒴果

居民风采

绣球是一种常见的观花植物，其聚伞花序如雪球累累，煞是好看。全株均具有毒性。其根、叶、花均可用于抗疟，清热解毒，主治疟疾、心热惊悸、烦躁等症。

居民互动

绣球花的花瓣其实是花瓣状的萼片。(　　)

A. 正确　　　　　　　　B. 错误

答案：A

居民情怀

我校已经80多年风雨，历代人才辈出。群星映照星空如绣球花般绚丽，花语为“希望”的绣球花，体现了海纳百川的宽阔胸襟，更是南汇学子们对未来的殷殷期望和对创新的不懈追求。

上海市南汇中学　姚莹

居民基本信息

中文名： 夹竹桃

别　名： 柳叶桃树

分　类： 被子植物门 > 双子叶植物纲 > 捩花目 > 夹竹桃科 > 夹竹桃属

住　址： 上海市第三女子中学后花园内

特　征： 常绿直立大灌木。枝条灰绿色。叶 3—4 枚轮生，叶面深绿。聚伞花序顶生。蓇葖果。

居民靓照

叶轮生

聚伞花序顶生

蓇葖果

居民风采

夹竹桃是有名的观赏花卉。其性苦寒、有毒，可用于治疗心脏病、心力衰竭、经闭，还可缓解跌打损伤、瘀血肿痛等症状。种子可榨制润滑油，茎皮纤维为优良混纺原料。

居民互动

夹竹桃的叶面深绿，叶背浅绿的主要原因是（　　）的数量不同。

A. 叶绿体　　　　B. 线粒体

答案：A

居民情怀

市三女中的办学目标是成为“国内一流，国际知名，特色鲜明的现代女子高中。”育人目标是培养以“独立、能干、关爱、优雅”为特质，德才兼备，秀外慧中的开放型现代女性人才。绽放在市三女中后花园内的夹竹桃，气质娴定，从容而优雅，是我校女生追求的花样之姿。

上海市第三女子中学　陈昱安

居民基本信息

中文名： 紫荆

别　名： 裸枝树、紫珠

分　类： 被子植物门 > 双子叶植物纲 > 蔷薇目 > 豆科 > 紫荆属

住　址： 上海市海事大学附属职业技术学校宿舍楼和校道边

特　征： 落叶灌木或小乔木。叶纸质，近圆形，先端急尖。花紫红色或粉红色，簇生于老枝和主干上，先于叶开放，花冠如蝶。荚果扁狭长形，绿色。

居民靓照

近圆形纸质叶

花簇生

荚果

居民风采

紫荆树姿优美，叶形秀丽，花朵别致，具有较好的观赏效果。其木材纹理直，结构细，可供家具、建筑等用。树皮可入药，有清热解毒、活血行气、消肿止痛之功效。

居民互动

紫荆的繁殖常用分株、压条、扦插的方法，属于（　　）。

A. 无性生殖　　　　B. 有性生殖

答案：A

居民情怀

日照紫荆树，
花艳迷人眼。
春庭三荆株，
含芳暮春舞。

古时，人们在庭院栽下一株紫荆，象征着家庭和美，骨肉情深。如今在我们的校园中，很多地方都栽种紫荆，寓意着师生关系密不可分，象征着我们学校是一个大家庭，是每一位学生温馨的避风港。

上海市海事大学附属职业技术学校　施彬　陈王来　殷莹

居民基本信息

中文名： 凤尾兰

别　名： 菠萝花、厚叶丝兰、凤尾丝兰

分　类： 被子植物门 > 单子叶植物纲 > 天门冬目 > 百合科 > 丝兰属

住　址： 上海市曹杨中学大门旁

特　征： 常绿灌木。叶密集，螺旋排列茎端，质坚硬，有白粉，剑形，顶端硬尖，边缘光滑。圆锥花序，花大而下垂，乳白色。蒴果干质，下垂。

居民靓照

剑形叶

圆锥花序

居民风采

凤尾兰常年浓绿，花、叶皆美，是良好的庭园观赏树木，也是良好的鲜切花材料。其叶纤维洁白、强韧、耐水湿，称“白麻棕”，可作缆绳。叶片还可提取甾体激素。凤尾兰的花有止咳平喘的功效。

居民互动

凤尾兰的花语为（　　）。

A. 美丽、高洁　　　　B. 盛开的希望

答案：B

居民情怀

初度之辰，平淡无奇如草茅。
流淌世间数年，无人问晓。
数个春夏秋冬，一转即逝。
花苞出结，世人厌其百拙千丑。
迎着烈日，素白洁净的花朵绽放。
此时，世人赞其美观奇特。

虽遭世人指指点点，
但凤尾兰执著不懈，得到称赞。
人生之旅荆棘满途，
但终有一天，柳暗花明。

上海市曹杨中学　徐笑涵

草本

居民基本信息

中文名： 吊兰

别　名： 垂盆草、挂兰、钓兰、兰草

分　类： 被子植物门 > 单子叶植物纲 > 百合目 > 百合科 > 吊兰属

住　址： 上海市曹杨中学教学楼一楼植物长廊中

特　征： 常绿多年生草本。叶线形，丛生。花白色，常 2—4 朵簇生，排成疏散的总状花序或圆锥花序。蒴果三棱状扁球形。

居民靓照

丛生线性叶

白色花簇生

三菱状蒴果

居民风采

吊兰的植株有观赏和净化空气的作用。吊兰的全草或根入药，可化痰止咳、散瘀消肿、清热解毒，主治跌打损伤、骨折、痈肿、痔疮、烧伤。

居民互动

吊兰的花语是(　　)。

A. 无奈而又给人希望　　　　B. 冰清玉洁

答案：A

居民情怀

残阳铺水中，迟日暮江山。
空谷栈道独自芳，不为喧嚣染。
似得佳人心，柔肠未曾断。
待到雁影过谷去，依旧匪石远。

上海市曹杨中学　孔伊诺

居民基本信息

中文名： 兰花三七

别　名： 小叶麦冬

分　类： 被子植物门＞单子叶植物纲＞百合目＞百合科＞山麦冬属

住　址： 上海市曹杨中学图书馆前

特　征： 常绿多年生草本，形似兰花根像三七，味如三七并可入药。根状茎粗壮。叶线形，丛生。总状花序，花淡紫色，偶有白色。浆果球形。

居民靓照

丛生叶线形

总状花序

浆果球形

居民风采

兰花三七是地被植物，耐寒、耐荫、耐涝，四季常青，夏季开出翠蓝色的花，景观效果甚佳。将其入药，具有良好的清热解毒功效。

居民互动

兰花三七形似兰花，根像三七，且味也像三七并可入药，故名兰花三七。（　　）

A. 正确　　　　B. 错误

答案：A

居民情怀

千穗花紫向朝阳，
风吹成毯影迁斜。
长叶碧茎倾四季，
紫穗归来待春还。

上海市曹杨中学　张芷欣

居民基本信息

中文名： 麦冬

别　名： 麦门冬、沿阶草

分　类： 被子植物门 > 单子叶植物纲 > 百合目 > 百合科 > 沿阶草属

住　址： 上海市曹杨中学大门右侧

特　征： 多年生常绿草本。须根较粗壮，根的顶端或中部常膨大成为纺锤状肉质小块。叶基生成丛，禾叶状。总状花序，淡紫色花。球形浆果。

居民靓照

丛生禾叶状叶

总状花序

球形浆果

须根有肉质小块

居民风采

麦冬具有常绿、耐荫、耐寒、耐旱、抗病虫害等多种优良性状，有很高的绿化价值。其块根入药，能滋阴生津、润肺止咳、清心除烦，被广泛用于中医临床，为多种中成药及保健食品的原料。

居民互动

以下校园植物为麦冬的是（　　）。

A　　　　　　　　B

答案：A

居民情怀

不与群芳争艳丽，紫蕊芬芳梅之韵。
庭前院下沿阶长，洒脱雅静兰之情。
浆果根茎治疾病，无私奉献竹之意。
复复叠叠如柳枝，绿意盎然松之洁。

上海市曹杨中学　沈赤

居民基本信息

中文名： 刚竹

别　名： 台竹

分　类： 被子植物门 > 单子叶植物纲 > 禾本目 > 禾本科 > 刚竹属

住　址： 上海市曹杨中学办公楼旁

特　征： 草本植物。叶绿色，长披针形至带状。新竹无毛，微被白粉，老竹仅节下有白粉环。多年生一次结实植物，毕生开花一次。

居民靓照

叶

茎

笋

居民风采

刚竹秆高挺秀、枝叶青翠，宜筑台种植，旁可植假山石衬托，或配植松、梅，形成“岁寒三友”之景。其根、果实入药可祛风热、通经络和止血。

居民互动

以下校园植物为刚竹的是（　　）。

A. 

B. 

答案：A

居民情怀

碧翠拔疏枝，
赤心揽虬皋。
一韧伴寒窗，
节节踏凌霄。

上海市曹杨中学　王芙虹

居民基本信息

中文名： 芭蕉

别　名： 芭苴、板蕉、大芭蕉头

分　类： 被子植物门 > 单子叶植物纲 > 芭蕉目 > 芭蕉科 > 芭蕉属

住　址： 上海市曹杨中学风雨操场旁

特　征： 大型多年生草本。茎高达 2.5—4 米，丛生。叶大，有粗大的主脉，两侧具有平行脉。淡黄色顶生花序。浆果三棱状，长圆形。

居民靓照

叶具平行脉

顶生花序

三棱状浆果

居民风采

芭蕉是园林观赏植物。芭蕉的果实可药食兼用，营养丰富，有润肠通便的功效。芭蕉的茎能解热，叶能利尿，花可治疗脑溢血，根可治疗感冒、胃痛及腹痛。

居民互动

芭蕉为多年生草本植物，其果实就是我们平时所食用的香蕉。(　　)

A. 正确　　　　B. 错误

答案：B

居民情怀

西风吹落小轩窗，
独倚阑珊听寂寥。
一盏孤灯终不寐，
芭蕉叶底梦难消。

上海市曹杨中学　王诗芸

居民基本信息

中文名： 美人蕉

别　名： 红艳蕉

分　类： 被子植物门 > 单子叶植物纲 > 芭蕉目 > 美人蕉科 > 美人蕉属

住　址： 上海市曹杨中学图书馆前的花坛中

特　征： 多年生球根草本。根茎肥大。单叶互生，中脉显著，侧脉平行，叶柄呈鞘状包茎。总状花序自茎顶抽出。蒴果，长卵形。

居民靓照

单叶互生

总状花序

长卵形蒴果

居民风采

美人蕉不仅能美化环境，而且还可以净化空气，保护环境。其茎叶纤维可作为制造人造棉、麻袋、绳子的原材料。叶片可以提取芳香油。根和茎有清热利湿、舒筋活络的功效。

居民互动

美人蕉的花语是（　　）。

A. 繁荣富贵　　　　B. 美好的未来

答案：B

居民情怀

池水清清，
微微荡漾。
烟雨霏霏，
细细无声。
粉黛点点，
缀于碧叶。
笑语纷纷，
儒生归也。

上海市曹杨中学　苏婕

居民基本信息

中文名： 鸢尾

别　名： 乌鸢、扁竹花

分　类： 被子植物门 > 单子叶植物纲 > 百合目 > 鸢尾科 > 鸢尾属

住　址： 上海市曹杨中学大门旁

特　征： 多年生草本。叶为渐尖状剑形，基部互相包叠。花序生于分枝的顶端或仅在花茎顶端生 1 朵花，花蝶形。蒴果长椭圆形。

居民靓照

剑形叶

蝶形花

长椭圆形蒴果

居民风采

鸢尾花色丰富、花型奇特，是庭园中的重要观赏花卉。鸢尾还有活血祛瘀、祛风除湿、解毒消积的功效，用于治疗跌打损伤、风湿疼痛、咽喉肿痛等病症。

居民互动

鸢尾起源于中国，却是法国国花。(　　)

A. 正确　　　　　　　　　　B. 错误

答案：A

居民情怀

遗落孤寂的她，
独自彷徨、悲伤，别离。
记忆深处的他，
暗暗回忆、思念，等待。

上海市曹杨中学　杨思佳

居民基本信息

中文名： 大吴风草

别　名： 八角乌、活血莲、一叶莲

分　类： 被子植物门 > 双子叶植物纲 > 桔梗目 > 菊科 > 大吴风草属

住　址： 上海市曹杨中学教学楼旁、风雨操场旁

特　征： 多年生草本。基生叶莲座状，肾形。头状花序辐射状，舌状花 8—12，黄色。瘦果圆柱形，被成行短毛。

居民靓照

肾形基生叶

头状花序

圆柱形瘦果

居民风采

大吴风草生长力旺盛，覆盖力强，株型饱满完整，一年四季皆有观赏价值。其根主治咳嗽、咯血、便血、月经不调、跌打损伤、乳腺炎。其叶含挥发油约 1%，主要成分为乙烯醛，可用于杀虫。

居民互动

根据花的形态特征，可以推断大吴风草属于(　　)。

A. 虫媒花　　　　B. 风媒花

答案：A

居民情怀

大叶似莲蹄，
吴地一风景。
风寒亦坚忍，
草绿来年春。

上海市曹杨中学　林思妤

居民基本信息

中文名： 万寿菊

别　名： 万寿灯、蜂窝菊

分　类： 被子植物门 > 双子叶植物纲 > 菊目 > 菊科 > 万寿菊属

住　址： 上海市曹杨中学办公楼前

特　征： 一年生草本。茎直立，粗壮，具纵细条棱。叶羽状分裂，沿叶缘有少数腺体。头状花序单生。瘦果线形，黑色或褐色。

居民靓照

叶羽状分裂

头状花序

居民风采

万寿菊的花大、花期长，是一种常见的园林绿化花卉。植株对氟化氢、二氧化硫等气体有较强的抗性和吸收作用。万寿菊的花可以食用，是花卉食谱中的名菜，能清热解毒，化痰止咳。

居民互动

万寿菊为（　　）植物。

A. 喜阳　　　　B. 喜阴

答案：A

居民情怀

一日黄花人极乐，
百朝绿叶鸟无哀，
垂发低首斜阳外，
笑对世间恨与爱！

上海市曹杨中学　花悦容

居民基本信息

中文名： 四季海棠

别　名： 蚬肉秋海棠

分　类： 被子植物门 > 双子叶植物纲 > 侧膜胎座目 > 秋海棠科 > 秋海棠属

住　址： 上海市曹杨中学校史馆前和办公楼前

特　征： 肉质草本。茎直立，肉质、无毛，基部多分枝。单叶互生，卵圆形。花单性，顶生或腋出。蒴果绿色。

居民靓照

单叶互生

花顶生或腋出

居民风采

四季海棠株姿秀美，叶色油绿光洁，花朵玲珑娇艳，盆栽观赏已历千年。其花和叶味苦、性凉，可以清热解毒，主治疮疖。

居民互动

四季海棠的原产国是（　　）。

A. 南非　　　　　　B. 巴西

答案：B

居民情怀

仙女打翻了红色的霞光，为花瓣点染红妆，
精灵洒下一把珍珠玉翡，为枝叶描摹点翠。
只是眼角的惊鸿一瞥，
叹每一片花瓣都冰清玉洁，
铭记着美目盼兮的笑靥。
任凭大雨滂沱，狂风烈烈，
只是摇曳，不曾退却。
哪怕被狂风暴雨吹得残缺，
依然绽放，不曾凋谢。
愿生命恒久无邪，
曼妙大千世界四季常春不谢。

上海市曹杨中学　孙衍菲

居民基本信息

中文名： 睡莲

别　名： 子午莲

分　类： 被子植物门 > 双子叶植物 > 毛茛目 > 睡莲科 > 睡莲属

住　址： 上海市曹杨中学人工湿地

特　征： 多年生水生草本。根状茎肥厚，直立或匍匐。叶二型（浮水叶和沉水叶）。花单生，浮于或挺出水面。浆果绵质，倒卵形。

居民靓照

叶二型

花单生

浆果

居民风采

睡莲是水体栽培的观赏植物，可以提高景观水的净化能力。根状茎可以食用或酿酒，也可入药，能治小儿慢惊风。全草可作绿肥。

居民互动

被誉为“花中睡美人”的睡莲与荷花是同科不同属的两种水生植物。(　　)

A. 正确　　　　B. 错误

答案：A

居民情怀

秋风飒飒拂清影，
小蕊幽幽卧碧丛。
午时盛开暮时阖，
半梦半醒游浮生。

上海市曹杨中学　祁珏

居民基本信息

中文名： 百子莲

别　名： 紫君子兰

分　类： 被子植物门 > 单子叶植物纲 > 百合目 > 石蒜科 > 百子莲属

住　址： 上海市交大附中嘉定分校宿舍楼旁

特　征： 多年生宿根草本，花茎直立。叶舌状带形，光滑，浓绿色。伞形花序，花漏斗状，亮蓝色。蒴果。

居民靓照

叶舌状带形

伞形花序

蒴果

居民风采

百子莲可以在庭院种植，也适于盆栽。其性温、味辛，可以作为药物，有活血、散瘀消肿、治疗痈疮肿毒的功效。

居民互动

百子莲原产于（　　），因百子莲花朵数量多，在当地寓意多子多福。

A. 西班牙　　　　B. 南非

答案：B

居民情怀

百子莲又名紫君子兰，花色高洁，花数众多，与我校“饮水思源，爱国荣校”的校训，以及“思源致远，厚积薄发，朴实坚定，心怀四海”的学校精神相契合。

上海市交大附中嘉定分校　*唐艺嘉*

居民基本信息

中文名： 矮牵牛

别　名： 矮喇叭

分　类： 被子植物门 > 双子叶植物纲 > 管花目 > 茄科 > 碧冬茄属

住　址： 上海市行知中学正门口的草坪上

特　征： 多年生草本，茎匍地生长。叶质柔软，卵形，互生，上部叶对生。花单生，呈漏斗状。蒴果。

居民靓照

叶互生（上部叶对生）

漏斗状单生花

居民风采

矮牵牛的花大而多，开花繁盛，花期长，色彩丰富，是优良的花坛和种植钵花卉。种子可药用，有利尿、消肿、驱虫等功效。

居民互动

矮牵牛是（　　）植物，而牵牛是（　　）植物。

A. 旋花科　　　　B. 茄科

答案：B　A

居民情怀

没有娇艳的容貌，
没有芬芳的香味，
无需过多的关注。
每天，
迎接着晨曦，
洁净的素颜，
在阳光下灿烂。

“志存高远，知行合一，勇于创新，追求卓越”是我校的办学理念，“千学万学，学做真人，千教万教，教人求真”是我校的校训。牵牛花的花语是安全感、与你同心，行知中学的师生将团结一心去践行陶行知先生对后辈的殷殷期望。

上海市行知中学　朱奕

居民基本信息

中文名： 黄金菊

别　名： 罗马春黄菊

分　类： 被子植物门 > 双子叶植物纲 > 菊目 > 菊科 > 菊属

住　址： 上海市曹杨第二中学操场边小花园中

特　征： 多年生草本。基生叶簇生，长椭圆形，边缘有不规则的锯齿。头状花序单生于茎顶，大型，金黄色。瘦果圆柱状线形。

居民靓照

叶簇生

头状花序

瘦果

居民风采

黄金菊株型紧凑，花期长，花色亮丽，是优良的观花地被植物。黄金菊有明目清火、降血压、降血糖、降血脂，改善心脑供血，治疗慢性咽炎、气管炎、抗毒抑菌等功效。它还是“植物医生”，可使附近病弱的植物复原。

居民互动

黄金菊的花序与（　　）相似。

A. 百合花　　　　B. 向日葵

答案：B

居民情怀

黄金菊，一种不起眼的地被植物，悄悄地在二中的校园一隅展露出精致的笑靥。一朵朵小小的黄金菊被绿叶簇拥着，正如我们学生在学校的护佑下茁壮地成长。黄金菊的花语也充满正能量，预示着美好的事情即将到来，正如二中的学子们未来可期！

上海市曹杨第二中学　陈逸吉

藤本

居民基本信息

中文名： 凌霄

别　名： 紫葳

分　类： 被子植物门 > 双子叶植物纲 > 管状花目 > 紫葳科 > 凌霄属

住　址： 上海市曹杨中学图书馆前

特　征： 落叶攀援藤本。茎木质，表皮脱落，枯褐色，以气生根攀附于他物之上。奇数羽状复叶。短圆锥花序。蒴果细长如豆荚。

居民靓照

奇数羽状复叶

圆锥花序

蒴果

居民风采

凌霄枝干虬曲多姿，翠叶团团如盖，花大色艳，花期长，是理想的城市垂直绿化材料。凌霄花能行血祛瘀，凉血祛风。根能活血散淤，解毒消肿。茎和叶能凉血、散淤，是无公害绿色中药材。

居民互动

凌霄是（　　）的市花。

A. 杭州　　　　B. 连云港

答案：B

居民情怀

赏尽闲云，
希日月之光。
舍得陈情，
望星辰大海。
风能拔木，
然不拔山河。
志凌霄，
不畏义死，
亦不荣幸生。

上海市曹杨中学　李佑萱

居民基本信息

中文名： 葡萄

别　名： 草龙珠、山葫芦

分　类： 被子植物门 > 双子叶植物纲 > 鼠李目 > 葡萄科 > 葡萄属

住　址： 上海市曹杨中学宿舍楼背面

特　征： 木质藤本。小枝圆柱形，有纵棱纹，无毛或被稀疏柔毛。叶卵圆形，对生。圆锥花序密集或疏散。浆果球形或椭圆形。

居民靓照

叶对生

圆锥花序

浆果

居民风采

葡萄是世界上最古老的果树树种之一。常食葡萄有补气血、益肝肾、生津液、强筋骨、止咳除烦、通利小便的功效。葡萄籽中的原花青素具有极高的药用价值。根和藤有止呕、安胎的功效。葡萄亦可酿酒。

居民互动

葡萄的果实与(　　)类型相同。

A. 蓝莓　　B. 桃子

答案：A

居民情怀

八色珠玑裹芳辛，
轻霜马乳透晶莹。
一盏琼浆醉初醒，
太宗子桓为之倾。

上海市曹杨中学　李润

居民基本信息

中文名： 紫藤

别　名： 招藤、招豆藤、藤萝

分　类： 被子植物门 > 双子叶植物纲 > 蔷薇目 > 豆科 > 紫藤属

住　址： 上海市浦东中学怀英长廊处

特　征： 落叶攀援藤本。奇数羽状复叶互生，小叶对生，纸质，卵状椭圆形至卵状披针形。总状花序呈下垂状，花紫色或深紫色。荚果扁圆条形。

居民靓照

纸质羽状复叶

下垂总状花序

荚果扁圆条形

居民风采

紫藤是庭园棚架植物，先叶后花，是优良的观花藤木。花可提炼芳香油，并有解毒、止吐泻等功效。种子有毒，含有氰化物，可治疗筋骨疼。藤皮具有杀虫、止痛、祛风通络等功效。

居民互动

与紫藤果实类型相似的校园植物是(　　)。

A. 海棠　　B. 合欢

答案：B

居民情怀

紫曦随风春日开，
藤缠花帘满园芳，
忽如一阵绵绵雨，
缤纷花絮遍地香。

我校为百年名校，大师辈出，英才纷现。校风质朴、严谨，如同紫藤，在静谧中盛开。紫藤花语是思念，可喻为对学校创办者杨公斯盛毁家兴学及其精神的追忆。

上海市浦东中学　朱奇玥

居民基本信息

中文名： 爬山虎

别　名： 爬墙虎、地锦、飞天蜈蚣

分　类： 被子植物门 > 双子叶植物纲 > 葡萄目 > 葡萄科 > 地锦属

住　址： 上海市市南中学教学楼前

特　征： 落叶木质藤本。枝上有卷须，卷须顶端及尖端有吸盘。叶对生。花小，黄绿色，多为两性，雌雄同株，聚伞花序。浆果紫黑色。

居民靓照

粘性吸盘

叶对生

黄绿色花

浆果

居民风采

爬山虎是垂直绿化的优选植物。它不仅具有美化环境的效果，同时也有增氧、降温、减尘、减少噪音等作用。爬山虎的根、茎入药，可破瘀血、消肿毒。果实可以酿酒。

居民互动

“爬山虎的叶子绿得那样新鲜，看着非常舒服，叶尖一顺儿朝下，在墙上铺得那样均匀，没有重叠起来的，也不留一点儿空隙，一阵风吹过，一墙的叶子就漾起波纹，好看得很。”这是《爬山虎的脚》一文中的描写，此文的作者是（　　）。

A. 郭沫若　　　　B. 叶圣陶

答案：B

居民情怀

西墙被太阳炙烤得滚烫，
只有爬山虎为它披上防晒的衣裳。
那片郁郁葱葱的绿，
从此，
在我的梦中蔓延。

我校位于黄浦区繁华地段，车辆人群来往较多，气温相对偏高。爬山虎是一道绿色的屏障，既能吸附飞扬的尘土，又能减少环境中的噪音，这是我校种植爬山虎的初衷。爬山虎虽然没有牢固的根基，但是靠着无数的吸盘，一直坚韧不屈地努力向上攀登，它柔软的身体显露出坚强的毅力和无限的生机，使人敬意油生。爬山虎的精神也与我校严谨、求实、自强、奋进的校训相吻合。

上海市市南中学　夏之晗

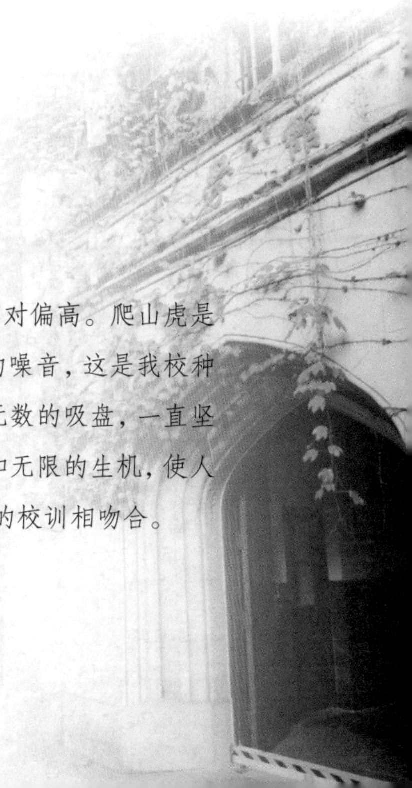

第二章

校园植物知识园

植物学到底离我们有多远

问：什么是植物学呢？

答： 现代教育注重学科之间的联系，尝试实现跨学科知识、技能与意识形态对学生创新能力和综合素养的提升，从而促进学生全面而有个性地发展。植物学作为生物学的分支学科，是研究植物的形态、分类、生理、生态、分布、发生、遗传和进化的科学，也是现代通识教育的一部分（一般而言，通识教育是指除专业教育之外的基础教育）。通识教育通过知识的基础性、整体性、综合性、广博性，使我们拓宽视野，避免偏狭，培养思辨能力、社会责任感并健全人格。从通识教育的视角出发，我们走近并踏入植物学领域，无疑是实现教育终极目标的路径之一。

问：植物学是怎样发展起来的呢？

答： 植物学的主要分科有植物分类学、植物形态学、植物解剖学、植物胚胎学、植物生理学、植物生态学、植物病理学、植物地理学等，目的是开发、利用、改造和保护植物资源，让植物为人类提供更多的食物、纤维、药物、建筑材料等。人类对植物的认识最早可以追溯到旧石器时代，人类在寻找食物的过程中采集了植物的种子、茎、根和果实。植物学的创始人是提奥夫拉斯图，在他的著作《植物历史》中将植物进行了分类。1 世纪希腊医生迪奥斯克里德斯的著作《药物论》为以后药用植物的使用奠

定了基础。1593年，我国明朝的李时珍也完成了《本草纲目》的编写。17世纪末，英国生物学家雷确立了现代植物分类的基本原理。17世纪，出现了各式各样的显微镜，开创了植物解剖学的研究，随后植物生理学和植物胚胎学也得到进一步发展。

问：植物学与其他学科有什么联系呢？

答： 植物学有其独一无二的地位和意义，并且与其他学科知识能够相互关联，互为借鉴和应用。植物学主要有四个领域：一是形态学，研究植体由细胞到器官各个层次的结构及形状。这方面的学习可以帮助我们更加深刻地认识、了解生命，有利于认识自然生物对我们的重大学习意义。二是生理学，研究植物功能。这方面与生物化学及生物物理学密切相关，对于植物资源的利用极其重要，可以广泛涉及应用到化学、物理等领域。三是生态学，研究生物与环境间的交互作用。研究生物与环境的关系能够帮助我们思考自然界和人的关系、人造自然和原生自然的关系、自然界的最基本规律等。从自然当中，我们能够发现一系列本质规律，而遵循这些规律最好的做法就是用实际行动去敬畏自然。四是系统学，研究植物的鉴定和分类。植物学中的分类系统是根据植物的特征、植物间的亲缘关系、演化的顺序对植物进行分类的科学，并在研究的基础上建立和逐步完善植物各级类群的进化系统。20世纪50年代以来，随着其他科学的发展，出现了植物化学分类学、植物细胞分类学、植物超微结构分类学和植物数值分类学等进一步的分支学科。尤其在20世纪80年代后期发展起来的分子系统学，为植物的系统发育研究提供了新的手段。此外，植物学的分类模式还可以应用到其他学科领域中。总之，在现代多元的社会中，每一门学科都并非独立存

在，而是相互渗透，都具有不可或缺的地位和价值。

问：为什么我们要了解植物学呢？

答： 人既是自然的产物，也是社会化的产物。人的一生都受到环境的影响，反之亦然。在这种双向互动的关系中，植物作为自然环境中的主角之一，走进植物，走进环境，就是走进我们人类自己。在对植物学了解、学习和研究的过程中，我们就能更好地读懂自然，读懂人类。

问：我们曹杨中学为什么要编这本书呢？

答：“环境素养培育”是曹杨中学的特色，旨在培育我们与自然环境、社会人文环境以及人自身的心理环境和谐共生、协同发展的责任担当意识和自主力行能力。由此，学校开设了“三加二”类特色课程群，其中“校园植物档案”是我们“环境·科技”类课程群的重要组成部分之一。师生共同编写这本书是对时代发展和学生发展需求的主动反应。

问：这本书能为我们带来什么？

答： 每个校园都有丰富的植物资源，在四季轮换之中蕴藏着自然无数的秘密。这本书是一把小小的钥匙，把它交在你们手中，期望经你们的努力，用你们的智慧，去开启探索自然的神秘之门，让更多的学子打开自己的视野，走近植物，走入自然，与自然同呼吸共命运。因为，植物学就在你我的身边。

校园植物的源起

校园是一处育人圣地，营造美好的校园环境与培育优秀的人才是并举的。古有“孟母三迁，择邻而居”之说，凸显了环境对人的教育作用，而今兴起的特色校园文化建设，其实也是人们选择优质教育环境的表现。美好的校园环境不仅包括进取向上、富有内涵和底蕴的人文环境，还包括整洁、优美的自然环境。自然环境是校园环境建设和开展教育教学工作的基础。上海市的每一座校园在自然环境的构建中都有自己的规划和理念，形态各异、种类丰富的绿色植物则是校园自然环境构建中的主角之一。它们给校园环境带来了无限生机，与莘莘学子共同成长，承载着校园的历史文化，印刻着校园的变迁重生，彰显着独具一格的教育教学理念。

绿色植物的文化承载自古有之，很多植物都传承着人类所赋予的文化印记。不同民族和地区的人们由于生活、文化和历史习俗的原因，常常会对不同的植物形成一定思想情感上的主观认知，甚至上升为某种概念的象征，如在中国，四季常青的松柏象征坚贞不屈的精神，而将富丽堂皇、花大色艳的牡丹视为繁荣兴旺的象征。这与欧洲一些国家将月桂誉为光荣，油橄榄誉为和平是一样的，都经过了千百年才形成文化积淀。正所谓“一枝一叶总关情”，绿色植物的一枝一叶所承载的文化价值在特色校园文化建设中的作用尤为突出。

（一）美学价值

植物的美，一方面指自然的静态美，如“长亭外，古道边，芳草碧连天”；另一方面指植物表现出的动态美，如“水面清圆，一一风荷举”。植物在自然界存在的色、香、形、韵等美好的属性是人们进行美学教育的丰富素材。通过美学教育，我们可以发现美、感受美、描绘美、鉴赏美，从而陶冶美的情操，净化心灵，提升审美情趣。

（二）精神教育价值

不同的植物有各自的精神寓意。康乃馨代表感恩，腊梅代表坚韧，修竹代表气节，幽兰代表清雅，石榴代表蓬勃。这些植物所体现的生命特征和美好品质可以感染人们的精神状态。通过观察、解读和赏析，人们的精神风貌得以改变，并将这些优秀品质转化为现实生活中为人处世的准则。

（三）环境素养教育价值

植物与生存环境之间，我们既能看到抗争的力量，又能看到相互依存的默契。而植物的不同种群及相同种群中的不同个体之间也是相互制约、相互协作的关系。而这种关系同样存在于人类与其生存环境之间，迁移和共情让人们正视现有的环境问题，直面挑战，寻求正确的方式去改善和解决。

（四）课程教学价值

以植物为载体开发的相应课程，可以通过跨学科教学的形式，组织实施各种内容和层次的实践探究活动及项目，鼓励并指导学生去挖掘植物的自然之美、文化之美、精神之美，从而激发学生的探究兴趣，学习相应的知识和技能，提升各项能力，形成创新意识，培育综合素养。

由此看来，在特色校园文化建设的过程中，将这些烙有人类文化印记的植物与别具一格的校园人文环境整合，是营造美好校园环境的绝佳载体。在学生调查访谈的过程中，我们发现，上海市各所中学的校园植物有着不同的源起。一般有三种情况：一是校园中无意栽种的植物，在学校发展的过程中，其象征意义与校园文化内涵或前景越来越契合，从而成为学生喜爱的最有魅力植物。二是校友、专家等赠予的植物，该植物传递着寄寓，表达着友谊，具有特殊的人文意义。三是学校新建时规划种植的植物，与学校的教育教学理念、特色风格紧密切合。当然很可能还有其他因由的源起，每一种源起都讲述着自己的故事。

曹杨银杏，赤子锦华——又到银杏叶黄时

“银杏叶黄了！”我在曹杨听过三次，而每一次我都会冲在最前面去领略那份纯美……

记得刚入曹杨的时候，银杏叶还没有黄，它们就如校园中其他普通的树木一样容易被人忽视。直到十一月份的某一天，银杏叶好似一夜之间染上了浓浓的亮彩。我怔怔地盯着满树金黄，根本无法移步，从此我的脑海中深刻下那一季的惊艳。也是从那时起，我才发现，曹杨校园每个年级的学子平时少有交集，唯独在银杏黄时，各色校服的学生都会围站在杏坛边，一时间曹杨的银杏竟成了联结所有学子的纽带。谁能想到，当初无意栽种的二十多棵树不仅成了校园最美的风景线，也架起了近2000名学子的心灵桥梁，我们真的要感谢那个“无心栽柳”之人啊。

银杏黄时，我常常会在银杏叶铺成的黄金小道上漫步，那是少有的可以放空自我、融入自然的机会。从隆冬光秃秃的枝丫到春夏逐渐抽茁的叶芽，从秋季最璀璨的亮黄到冬季萧萧的回归，周而复始。银杏就如自然之中的赤子，以最绚丽的颜色映照这片土地，发出属于自己的夺目光芒，这是对世界最好的回馈。我相信这样纯粹的赤子，一定有它自己的世界观，有它自己要秉承的精神。我们不应该走马观花地去欣赏它，而应诚挚肃穆地去敬仰它。曹杨“含德之厚，报国之诚”的赤子精神，在每一季的银杏叶下根植深种。

三个春秋转瞬即逝，在第三次银杏叶黄之时，我用相机拍了两张照片，似乎留着它们，我就永远是曹杨的学子。而今，我在想银杏树会不会知道今天我又想起它？它身边已经围起了另一群新的学子，它还会记得我吗？再有两个多月，又到银杏叶黄时……

一声惊叹，一路璀璨，一群赤子！

上海市曹杨中学　张凤澄

甘泉樱花，多元传承

“学长再见！”

“嗯，明天的训练早点到哦，路上小心。”

校园的樱花树下，后辈明媚而又有些腼腆的笑容让我一阵恍惚，从那个笑容里我能看到梦想。曾几何时，自己也有过相同的表情……

“——为梦而来，为星光流转，为生命可以不再平凡。”

“梦想”这个词语离我们很近，但好像离我们又很远，就如在校歌中所唱的那样，我们是为了梦想来到这里，为了让我们的生命不再平凡，因此我们一直在为梦想而努力。

甘泉创建之初，就在校园中栽下樱花树，以见证中日两国的友谊，博采日本文化的精髓。美丽的樱花之园倡导学子们做个博通多元，具有现代竞争力的强者。“合作共进”便是我在校园社团中学到的第一个词语。每周五的社团时间，同学们在训练室进进出出，此时你若观察我们的表情就会发现，虽然每一个人都是忙忙碌碌的，但是每个人的脸上都带着对于发现新问题的兴奋，对于探寻下一个解决方案的好奇，对于能

推翻前辈推论的跃跃欲试。这里是思想的舞台，是我们追逐梦想的舞台。

从新人，到老社员，到副社长，一步一个脚印；区赛、市赛，一步一个身影，追逐梦想的路上无论遇上什么都是幸福的。身边的伙伴，可靠的老师，都让人觉得无比的满足和安稳，樱色的日常，在樱花树下开始，也将结束于樱花树下。

“明天请多指教。”

“好！我会加油的！”

时过境迁，前辈毕业了，我也变成了前辈，但是在甘泉的梦想会一直存续下去。今天的我，明天的他们，樱花树下的日常从未结束……

上海市甘泉中学　庞宇杰

华三折桂，齐贤人文

学校肩负着培养人才和继承发展科学文化的重任。学校的人文资源若与校园内的自然资源相结合，将体现出校园文化的独特魅力。正所谓"寓教育于景物之中"，潜移默化，能使学生获得情操、品德和文化艺术的陶冶，从而发挥"环境育人"的功能。

自建校起，我校就充分体现了对绿植文化的重视，不论是在绿植品种的选择上，还是在绿植的布局组合上，都花费了相当的时间和精力。而在所有的绿植中，特别值得一提的就是校园中友人相赠的桂花树了。校园中的桂花树是金桂，金桂在古代一直有着美好的寓意，《晋书·郤诜传》中是这样

写的:“晋武帝於东堂会送,问詵曰:‘卿自以为何如?’詵对曰:‘臣举贤良对策,为天下第一,犹桂林之一枝,崑山之片玉。’”由此,我国古代把夺冠登科比喻成“折桂”。学校金桂乃友人相赠,必定是对莘莘学子们的鼓励,也是对我们金榜题名的期望,因此金桂也就成了现今我校最有魅力的校园植物。每当金秋来临,华三人的心中就升腾起这样的诗句:桂花黄时桂花香,芳香浓郁至远舒;春秋佳酿多少载,只待才俊齐折桂。

当然,桂花的意义还远不止于此。虽说她没有玫瑰般的艳丽动人,没有牡丹般的雍容华贵,没有腊梅般的傲寒风骨,没有荷花般的清新脱俗,但她有着“立足平凡,无私奉献”的品质,这也是华三各位教师的象征。

以桂花为代表的校园绿植在园中生机蓬勃,充满人文情怀的华三师生在园中创造辉煌!

上海市华东师范大学第三附属中学　沈轩

每一种植物都诉说着一个故事,每一个故事都是校园的四季,让我们走进这缤纷的四季,去感知,去体悟……

校园植物全解读

校园是莘莘学子最熟悉的学习环境。每天清晨，当你背着书包进入自己校园的时候，为我们带来绿茵和芬芳的校园植物就开始陪伴着你。你在琅琅的读书声中一天天成长，它们也在阳光和雨露中展露生命的奇迹。但是你对它们了解多少呢？让我们一同走进绿色国度吧。

（一）校园植物的主要类群

植物的种类（从低等到高等）主要分为藻类、地衣、苔藓、蕨类、裸子植物和被子植物。蕨类植物、裸子植物和被子植物同属维管植物，其中裸子植物和被子植物又称种子植物，是最高等的植物，其繁殖器官是种子。裸子植物与被子植物的主要区别为种子是否由果皮包被，即裸子植物种子无果皮包被，而被子植物种子有果皮包被。我们的校园植物主要为裸子植物和被子植物，要熟悉它们，我们首先来了解它们的主要器官。

（二）被子植物的基本结构

种子植物共有六大主要器官：根、茎、叶、花、果实和种子，其中根、茎、叶属于营养器官，花、果实、种子属于繁殖器官。熟悉校园内的种子植物主要就是了解这些器官的形态结构。

1. 根

根系是一株植物全部根的总称。根系有直根系和须根系两大类，如图 2–1 所示。大多数裸子植物和被子植物中的双子叶植物具有直根系，如雪松、石榴、蒲公英、蚕豆、甜菜、萝卜等。直根系的特点是主根明显，从主根上生出侧根，主次分明。被子植物中单子叶植物的主根不发达，其根系为须根系，如水稻、小麦、玉米、葱、蒜、水仙等植物。须根系的特点是种子萌发时主根很早退化，而由茎基部长出丛生须状的根。图 2–2 是不同植物的根系。

直根系　　须根系

图 2-1　植物的根系图

常春藤的攀援根　　萝卜的储藏根　　凌霄的气生根　　榕树的支持根

图 2-2　不同植物的根系

在 20 多万种高等植物中，属于须根系的植物约占 1/4，属于直根系类型的约占 3/4。

知识小作坊

1. 你能判断出下图植物根系的类型吗？说说你判断的主要依据。

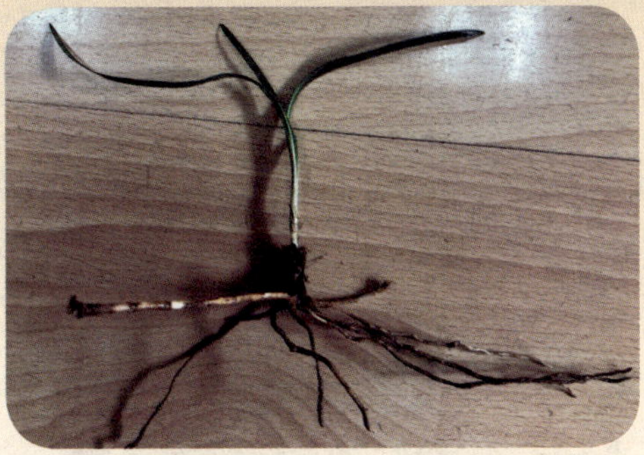

2. 结合你喜欢的校园植物，查阅它们的名称和根系类型，试推断它们属于哪类种子植物。若不属于种子植物，它们的名称、种类和根系类型是怎样的呢？

3. 为什么沙漠中的仙人球根系非常发达、茎肥厚、叶子变成刺状？

4. 如果要将培植园中的树木移栽到我们的校园，为什么根部尽量要多带土？请进一步查阅关于根这一器官的资料，了解根的结构和功能。

2. 茎

裸子植物和双子叶植物茎的结构（次生结构）从外至内为：周皮、皮层、维组织和髓。皮层由多层薄壁细胞组成，起到保护作用；髓中贮存营养物质；维管组织由韧皮部、维管形成层和木质部组成。维管组织中的韧皮部分为筛管和韧皮纤维，筛管由中空管状细胞连接而成，细胞间有筛板，筛板口有筛孔，是运输有机物的通道。维管形成层能不断分裂生长，向外形成新的韧皮部，向内形成新的木质部，从而使茎变粗。木质部是茎的主体部分，由导管和木纤维组成，导管由中空管状细胞连接而成，是运输水和无机盐的通道，如图 2-3 所示。裸子植物中为管胞、木薄壁组织和射线，无导管（少数如买麻藤木植物具导管），无典型木质部。

与双子叶植物比较大多数单子叶植物的茎主要有以下不同：①维管束分散在皮层中；②维管束中没有形成层，所以多数单子叶植物的茎不能逐年增粗或增粗不明显。

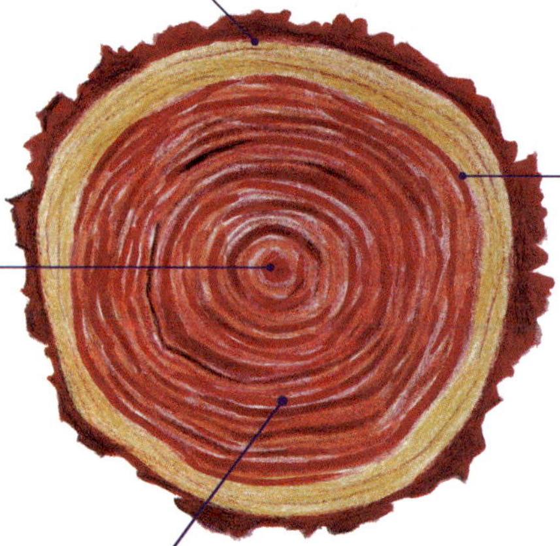

图 2-3　双子叶植物茎的结构

为了适应不同的环境，植物形成了不同类型的茎，根据生长习性分为直立茎、缠绕茎、攀援茎、匍匐茎等，如图 2-4 所示。

· 直立茎：茎背地面而生，直立，如松、柏、杉、香樟树等。

· 缠绕茎：茎细长、柔弱，不能直立，以茎本身缠绕它物上升，如牵牛、菜豇豆等。

· 攀缘茎：茎细长、柔弱，不能直立，以特有的结构攀援他物上升。①卷须茎，如瓜类、豌豆等。②吸盘茎，如爬山虎等。

· 匍匐茎：茎细长、柔弱，平卧地面，蔓延生长，节上生不定根，芽发育为新植株，如甘薯等。

樟树的直立茎

牵牛的缠绕茎

瓜类的卷须茎

爬山虎的吸盘茎

花叶蔓长春花的匍匐茎

图 2-4　不同类型的茎

知识小作坊

1. 请根据图示植物的生长习性来判断茎的类型。

紫藤

狗牙根

葡萄

垂柳

________茎　________茎　________茎　________茎

2. 牡丹和芍药很相似，你知道如何从茎的质地上区分它们吗？

3. 查一查植物的茎有哪些作用。

4. 观察校园中的植物，看看它们茎的形状大多是怎样的。想一想为什么是这种形状呢？

5. 种子植物依靠种子来繁殖，农民耕作播撒种子时从来不考虑种子落地的方向，但为什么种子在萌发时，茎永远是背离地面向上生长的呢？请查阅资料了解植物生长的秘密。

3. 叶

叶一般由叶片、叶柄和托叶三部分组成。同时具有这三个部分的叶称为完全叶，如梨、桃、月季、棉花等，如图 2-5 所示。缺少其中任一部分的，称为不完全叶，如女贞、丁香、连翘、茶、白菜等的叶无托叶，莴苣、石竹、烟草等的叶无托叶和叶柄。无叶片的叶较少，如台湾相思树，叶片完全退化，叶柄扁平状，可进行光合作用。

图 2-5　月季的完全叶

叶片是叶的主要部分，凡是一个叶柄上着生一个叶片的，叫单叶；在一个总叶柄上，生有两个或多个小叶的，叫复叶。复叶的形态有三出复叶、掌状复叶和羽状复叶等，如图 2-6 所示。

三出复叶

掌状复叶

羽状复叶

图 2-6 复叶的形态

叶片的基本形状有卵形、椭圆形、长圆形、圆形、倒卵形、披针形、倒披针形、线形等。

叶片的边缘称为叶缘，常见的类型有全缘、波状、齿状、缺刻（如图 2-7）等。

图 2-7 缺刻叶缘

叶片上可见的脉纹称为叶脉，叶脉是叶的输导组织和支持结构。叶脉的排列方式称为脉序，主要有三类：

（1）网状脉序

叶脉具有明显的主脉，主脉分出侧脉，侧脉一再分枝，形成细脉，最小的细脉互相连接形成网状，这是多数双子叶植物叶脉的特征，如夹竹桃、枇杷、南瓜、葡萄等。

（2）平行脉序

这类叶脉的主脉不显著，各条叶脉从叶片基部大致平行伸出直到叶尖再汇合，或侧脉平行，与主脉呈一定角度，这是单子叶植物叶脉的特征，如小麦、芭蕉、棕榈等。

（3）叉状脉序

各条叶脉均呈多级的二叉状分枝，这是裸子植物（如银杏）具有的一种比较原始的脉序，并普遍存在于蕨类植物中。

叶在茎上的排列次序称为叶序。叶序可分为互生、对生、轮生、簇生和基生等，如图 2-8 所示。

· 互生：每节上只着生一片叶，如棉花、杨树、苹果等。

· 对生：每节上相对着生两片叶，如丁香、石竹、女贞等。

· 轮生：每节上着生三个或三个以上的叶，如夹竹桃、茜草科植物等。

· 簇生：二个或二个以上的叶着生于极度缩短的短枝上，如银杏、油松等。

· 基生：叶着生在茎基部近地面处，如车前草、蒲公英等。

对生叶序

互生叶序

簇生叶序

轮生叶序

基生叶序

图 2-8　叶序

知识小作坊

1. 你还记得在初中生命科学课上学习的、关于植物叶的功能的知识吗？与同学们交流一下。

2. 植物的叶片中都含有色素，你知道色素的种类和作用吗？

3. 我国传统的清明节来临时，上海的家家户户要吃青团。查阅资料，找出判断“天然青团”和“色素青团”的好方法。

4. 花

花的基本结构包括花柄、花托、花被、雄蕊群和雌蕊群，花被又包含花萼和花冠，以上结构完整的称为完全花，如桃花（如图 2–9 所示），缺少其中任一部分的称为不完全花。

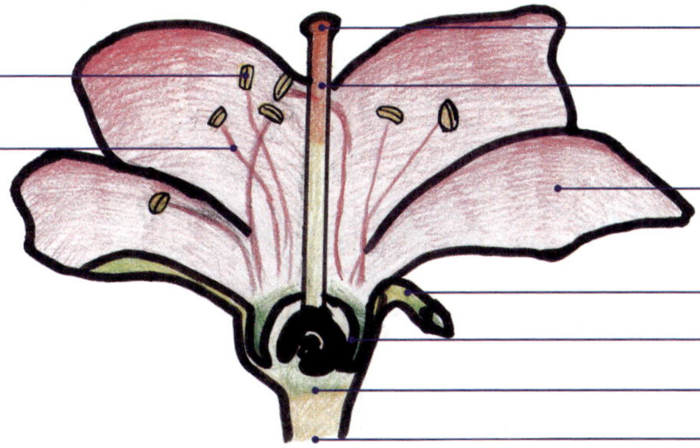

图 2–9　桃花的完全花
（花药和花丝组成雄蕊，柱头、花柱和子房组成雌蕊）

有些植物花（如油菜花）的基部还有蜜腺。用放大镜观察子房的基部，可以看到有小的突起，这叫蜜腺，蜜蜂采集的花蜜就是由蜜腺产生的。有些植物的花能散发出芳香的气味，这是由花瓣里的一些细胞分泌出来的物质，这些物质容易挥发成气体，从而使花散发出香气。人们利用它可以制取香精，如玫瑰花、桂花。花的颜色、香气、花蜜都能吸引昆虫前来帮助传粉。

一些植物的花聚集着生于花轴上，并按一定顺序排列，称为花序，花序常被作为被子植物分类鉴定的依据之一，如图 2-10 所示。

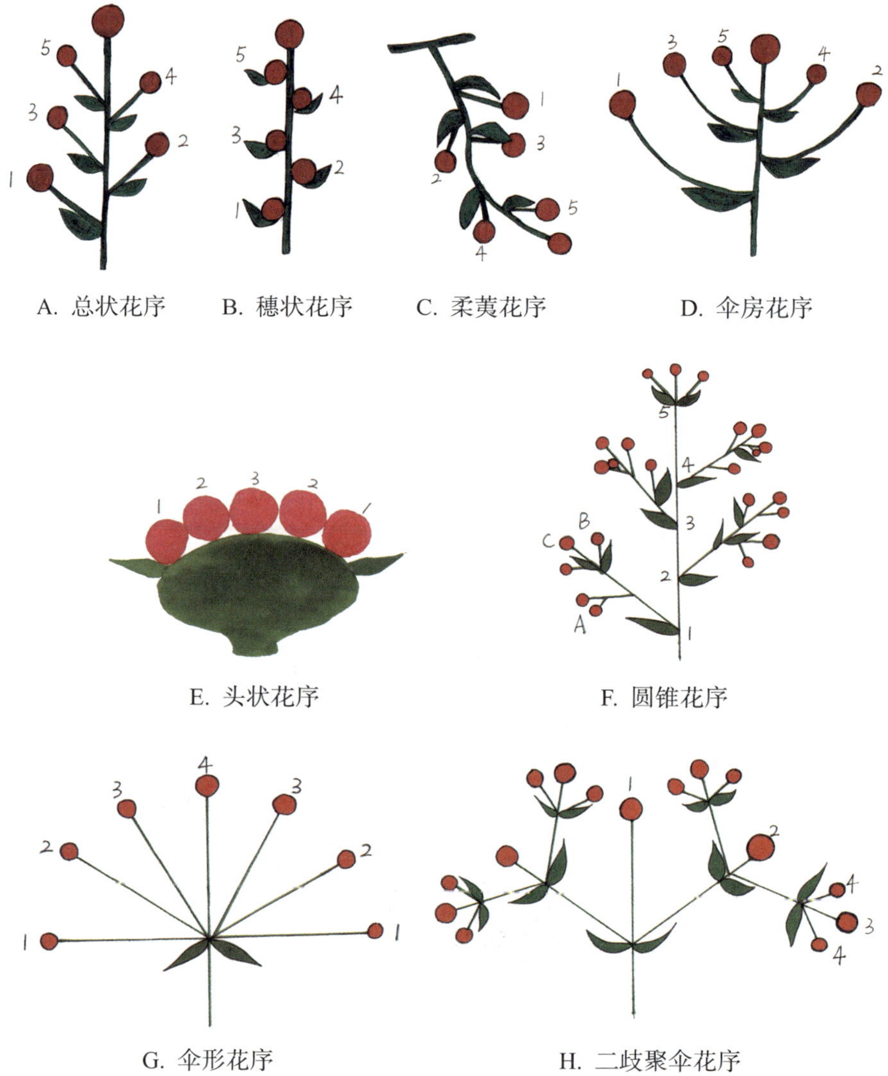

图 2-10　花序的类型

知识小作坊

1. 你知道我国的十大名花及国花、市花是哪些吗？这些花有怎样的寓意呢？

2. 和你的同学一起去生物实验室，解剖你喜欢的两种花，比较观察两者结构的异同，进一步巩固关于花基本结构的知识。

3. 查一查可食用的花，就近取材，做一份以花入味的食品，如花茶、花酒、花粥、蜜饯、菜肴、糕点等，与家人分享品尝。

5. 果实

果实的基本结构包括果皮（外果皮、中果皮和内果皮）和种子。根据不同的分类标准，有不同的种类。

（1）根据果实形成的来源，可分为单果、聚合果、复果三大类（如图 2-11）。

① 单果。由一朵花的雌蕊子房发育而成的果实，如桃、李、杏、向日葵等。

② 聚合果。由一朵花内若干个离生心皮发育形成的果实，每一离生心皮形成一独立的小果，聚生在膨大的花托上。因小果的不同，可分为聚合蓇葖果（如八角）、聚合核果（如茅莓）、聚生瘦果（如草莓）、聚生坚果（如莲）等。

③ 复果（聚花果）。由整个花序发育而成的果实，如桑葚、凤梨、无花果等。

单果（桃）

聚合果（八角）

复果（桑葚）

图 2-11 果实的类型

（2）根据果实的发育部位，又可以分为真果和假果。

多数植物的果实只由子房发育而来，称为真果。有些植物的果实，除了子房外还有其他部分共同发育形成，如：子房和花被或花托一起形成的果实，这样的果实称为假果，例如苹果、梨、石榴、向日葵、草莓以及瓜类作物的果实。

（3）根据果皮及其附属部分成熟时的质地和结构不同，又可以分为肉果和干果。

果实成熟后，肥厚肉质的叫做肉果，主要有浆果、柑果、瓠果、核果、梨果（如图 2-12）。成熟后果皮干燥的叫做干果。根据成熟后果皮是否开裂，干果又可分为裂果和闭果。裂果主要有荚果、角果、蓇葖果、蒴果（如图 2-13）；闭果主要有瘦果、颖果、翅果、坚果、双悬果等（如图 2-14）。

浆果（柿子）　柑果（橙子）　瓠果（黄瓜）　核果（李子）　梨果（梨）

图 2-12　肉果

荚果（紫荆）　角果（豇豆）　蓇葖果（白玉兰）　蒴果（紫薇）

图 2-13　裂果

瘦果（葵花籽）　颖果（玉米）　翅果（枫树）　坚果（板栗）　双悬果（小茴香）

图 2-14　闭果

知识小作坊

1. 下图中的植物种子是生活中常见的食品，请根据所学知识判断它们的果实类型，然后通过资料查阅得到正确的答案。

红枣

花生

枸杞

桂圆

罗汉果

话梅

核桃

大麦

2. 果实是被子植物的繁殖器官，果实中的果皮一般分为三层，外果皮、中果皮和内果皮，你知道它们的作用吗？为什么它们会有这些作用呢？

3. 1995 年，美国“世界观察研究所”所长、著名学者莱斯特·R·布朗在他的著作《谁来养活中国》中预言：中国农耕地减少的趋势难以避免，至 2030 年将降到不足人均一亩，因人口增长和粮食产量下降，中国将缺粮 2.07 亿吨。请查阅资料，了解目前国家的粮食供应现状，谈谈你对中国粮食危机的看法。想一想在日常生活中，我们应该如何对待食物资源。

（三）植物的人为分类法

1. 以植物茎的形态来分类

（1）乔木：有一个直立主干、且高达 5 米以上的木本植物称为乔木。与低矮的灌木相对应，通常见到的高大树木都是乔木，如木棉、松树、玉兰、白桦等。乔木按冬季或旱季落叶与否，又分为落叶乔木和常绿乔木。

（2）灌木：主干不明显，常在基部发出多个枝干的木本植物称为灌木，如玫瑰、龙船花、映山红、牡丹等。

（3）亚灌木：为矮小的灌木，多年生，茎的上部草质，在开花后枯萎，而基部的茎是木质的，如长春花等。

（4）草本植物：草本植物的茎含木质细胞少，全株或地上部分容易萎蔫或枯死，如菊花、百合、凤仙等。此类植物又分为一年生、二年生和多年生草本。

（5）藤本植物：茎长而不能直立，靠依附他物向上攀升的植物称为藤本植物。藤本植物根据茎的性质又分为木质藤本和草质藤本两大类，常见的紫藤为木质藤本。藤本植物根据有无特别的攀援器官又分为攀缘性藤本，如瓜类、豌豆、薜荔等具有卷须或不定气生根，能卷缠他物生长；缠绕性藤本，如牵牛花、忍冬等，其茎能缠绕他物生长。

2. 以植物的生态习性来分类

（1）陆生植物：生长于陆地上的植物。

（2）水生植物：指植物体全部或部分沉于水的植物，如荷花、睡莲等。

（3）附生植物：植物体附生于他物上，但能自营生活，不需要吸取支持者的养料为生的植物，如大部分热带兰。

（4）寄生植物：寄生于其他植物上，并以吸根侵入寄主的组织内吸取养料为自己的生活提供一部分或全部营养的植物，如桑寄生、菟丝子等。

（5）腐生植物：生于腐烂有机质上，没有叶绿体的植物，如菌类植物、水晶兰等。

3. 以植物的生活周期来分类

（1）一年生植物：植物的生命周期短，从数星期至数月，在一年内完成其生命过程，然后全株死亡，如白菜、豆角等。

（2）二年生植物：植物于第一年种子萌发、生长，至第二年开花结实后枯死，如甜菜。

（3）多年生植物：生活周期年复一年，多年生长，如常见的乔木、灌木都是多年生植物。另外还有些多年生草本植物能生活多年，或地上部分在冬天枯萎，来年继续生长和开花结实。

知识小作坊

1. 除了文中提到的植物的分类法之外，你还知道哪些植物的分类标准呢？

2. 要将生物（植物）分门别类，首先要有不同的等级单位，也称分类阶元，请说一说生物分类的主要等级单位有哪些。

3. 为了便于不同国籍、不同语言、不同地区之间的准确交流，需要有一种全世界通用的、为植物进行科学命名的方法。1753 年，瑞典植物学家林奈出版的《植物种志》中创立了“双名法”，请查阅资料，了解“双名法”是如何对植物进行命名的。

（四）识别植物的“四字”方法

熟悉校园植物的第一步就是进行识别，植物的识别与分类学有关，植物分类学和任何其他学科一样本无技巧可言，需要付出大量的时间和劳动，通过不断学习逐渐积累，但其中仍有不少经验和规律可循。这些经验概括起来，就是用“看”“摸”“嗅”“尝”的四字方法，对植物进行综合判断。在我们识别植物时一般参考前三个方法，以免误食有毒的植物对身体造成伤害。

1. 看

“看”是认识植物最重要的手段，也就是细致地观察植物的全貌，掌握其根、茎、叶、花和果的特点。我们主要看植物的形、色、眼、点、毛、刺、翅、卷须及断面的特征。

（1）看形

植物的叶形是多种多样的，有针形、条形、披针形、镰刀形、矩圆形、卵形、心形、肾形、圆形、三角形、菱形、荚形、匙形、扇形、提琴形、钻形、剑形、带形、管形、鳞形等二十多种。很多植物是按照叶形来命名的，如半边旗叶的小裂片上边无分裂，下边有梳状分裂，宛如古代的旗子一样；石莲花的基生叶呈莲座状，像一朵用粉蓝玉石雕琢而成的莲花；梵天花也称“狗脚迹”，其叶如同狗的脚痕印在叶上；落地生根的叶边缘有芽眼，易落地生根发叶；半枫荷下面的叶半边像荷叶，半边像枫叶。还有金钱草、掌叶榕、马鞍藤、马褂木、犁头尖、破布叶、佛甲草、金鸡脚、蜈蚣草、马甲子等，都是根据叶的形状命名的。

有些植物的叶脱落后，在茎上会留下明显的叶痕，如麻楝、木棉、大叶合欢、木薯等，尤其是木兰科、榕属植物，它们的枝条有很多托叶遗下的环痕，是识别这些科属植物的重要特征之一。

植物茎的形状也各有特色，有的扁得像腰带，如扁担藤；有的呈三角形，如香附子、水蜈蚣、咸水草等莎草科植物；有的呈四方形，如薄荷、紫苏、益母草等唇形科植物；而大多数植物的茎是圆柱形。有些植物茎上的节明显膨大，如爵床科、蓼科、禾本科以及苋科的牛膝、土牛膝等。许多植物是由于茎的形状而得名的，如仙人掌、霸王鞭、竹节蓼、蟹爪兰、过江藤、佛肚竹等。

植物花的形状也是多姿多彩、各有特色的，如玉叶金花、鹤望兰、一串红、红掌、吊灯花、马鞭草、鸡蛋花、鹰爪、绣球等都是以花的形状命名的。

在植物家族里，以果实形状命名的也不少，如龙珠果、人心果、鸡蛋果、佛手柑、蛇瓜、磨盘草、翼核果、刀豆、波萝蜜、面包树、腊肠树等。

许多植物根的形状也很有特色。天葵的根形如老鼠屎，故俗称老鼠屎；紫茉莉的根形状如老鼠，故有“入地老鼠”的俗称；猪仔笠的块根纺锤形或球形，似小猪形状；乌头的根呈不规则圆锥形，略弯曲，似乌鸦头。还有龙须藤、金毛狗、山乌龟、拳参、土茯苓等都是以根的形状来命名的。

（2）看色

有些植物的叶、花、苞片颜色很特殊，让人一看就认识。如三白草开花时，顶端三片叶子全变白；一品红冬季开花时，顶端几片较狭的叶子全变红；雁来红的叶暗紫色，可是秋天一到，大雁南飞的时候，顶叶变为鲜红色，十分壮观；鸳鸯茉莉花初开时是紫蓝色，后变为白色。

有些外形相近的植物，可以通过辨色来区别，如狗肝菜和红丝线很相似，但前者叶很绿，干后还是青的，后者干后变黑。冬青科和卫矛科植物的叶子很相似，但前者在火上一烘会出现黑色弧圈。此外，以色命名的植物有叶下红、红背桂、紫苏、虎舌红、血苋、花叶芋、洒金榕、银边桑、金边虎尾兰、豹斑竹芋等。

（3）看眼

植物叶上的腺体，茎上的皮孔通称为“眼”。看“眼”可以区别叶形很相似的不同植物，如油桐和木油桐十分相似，但木油桐的叶柄顶部有两个具柄的腺体，油桐则无；水团花和风箱树的花很相似，但前者茎上有皮孔，可借此区分。

叶、茎长“眼”的植物不少，如巴豆、乌桕、山乌桕、梵天花、石栗等植物的叶柄均有腺体；银合欢、苦楝、梅叶冬青、裸花紫珠等植物的茎上均有皮孔。

（4）看点

有些植物的叶上散生着一些凸起的痣点，如大沙叶，透光一看，痣点像星星一样布满叶面，故也叫“满天星”。含芳香油的植物如桃金娘科、芸香科的植物，它们的叶片散布有很多油点，这也是辨识植物的依据，如九里香和米兰的叶子很相似，无花时很难区别，但前者叶片在阳光下看，整叶布满了油点。

（5）看毛

马鞭草科很多植物枝、叶上生有茸毛、绒毛、星状毛。例如，野枇杷、大叶紫珠、红紫珠枝叶生有茸毛；裸花紫珠、全缘紫珠枝叶有褐色绒毛；珍珠枫、杜虹花叶背密生黄褐色星状毛。以毛命名的植物也不少，如毛地黄、毛冬青、毛瑞香、毛茛、刺毛杜鹃、毛野扁豆、金毛耳草、金毛狗、毛鸡矢藤等。

（6）看刺

芸香科、小檗科、蔷薇科、五加科、仙人掌科的植物常常长有刺，有的还因刺而得名。例如，葡萄科的刺葡萄，芸香科的勒党又叫“鹰不泊”，冬青科的枸骨又名“鸟不宿”，皆因它们的枝、叶长有硬刺，鸟不能在上面落脚做窝而得名。

（7）看翅

许多植物的茎、叶有翅。卫矛的茎上有翅；六棱菊的叶子下延成包茎的翅；葫芦茶的叶柄有翅，很像倒放的葫芦；盐肤木和漆树很相似，但前者的叶上有翅，可以与后者区别开来。

（8）看卷须

葡萄科植物在与花枝位置相当的地方长出卷须，它是茎的变态，葫芦科植物的茎也会变为卷须，但它却位于叶腋内。在叶腋内长出卷须的还有苏木科羊蹄甲属的许多种植物。由叶变态为卷须也不少，如豌豆及菝葜科植物。

（9）看断面

在识别植物时，折断根、茎，观察其断面是方法之一。例如，杜仲的枝折断后不但有乳液流出，还可见白色细丝和片状心；鳢肠的茎折断时，伤口流出的汁液呈黑色；大血藤、鸡血藤、山鸡血藤切断后都会流出红色像血一样的汁液，但大血藤是整个断面流，鸡血藤是皮下、木质的每一层都流，山鸡血藤只是皮下流"血"，而且流出量少。

2. 摸

通过用手触摸、揉捻的办法来观察植物。很多植物经过一摸一揉很快就能够辩认出来，如锦绣杜鹃的芽有粘液；木贼的茎很涩，可用来打磨金属，所以又叫"锉草"。

有些植物摘叶后，叶子就流白色乳汁，如掌叶榕、薜荔、水同木、榕树、飞扬草、千根草、狗牙花、盆架树、番薯、铁榄、人心果等。

线纹香茶莱、黄花倒水莲、栀子、姜黄的叶子揉后有黄色的汁液；红丝线、风箱树、大红花的叶子撕烂后，用开水一泡就变为红色；蓝果南五味子液、潺稿树、大红花、黄葵、黄麻等植物的叶揉后有粘性；冬青科和卫矛科的植物叶柄拉断有胶质丝。

3. 嗅

要把叶揉碎、剥开果实、切断根茎，用鼻子嗅一嗅植物各个部位挥发出来的气味，根据不同气味来鉴别类似植物。如毛麝香有麝香的气味；薄荷、山香、山薄荷、球花毛麝香有薄荷味；艾纳香、六棱菊有冰片味；罗勒、毛罗勒、野香薷有香草味；野芫荽、天胡荽有芫荽味；海风藤、蒌叶有胡椒辣味；罗勒、鱼腥草有鱼腥味；鸡矢藤、毛鸡矢藤揉叶有鸡屎臭味；山苍子的根既有豆豉气味又有姜味，故有“豆豉姜”之称；樟、黄樟、阴香的叶及豺皮樟的根都有香樟味；香茅的叶揉捻后有姜味；毛大丁草有煤油味；桢桐、臭牡丹、臭茉莉三种植物很相似，但桢桐的叶子不臭，臭牡丹的叶子还没有揉捻便十分臭，而臭茉莉的叶子揉捻后才有臭味。

4. 尝

用嘴巴来尝植物，根据舌、喉的感觉来辨别植物。一般应在有经验的人指导下进行，通常微量而又不吞咽，是不容易引起中毒的，但对某些毒性较大或生物碱含量高的植物，如钩吻、洋金花、海芋、天南星、土半夏、巴豆、白木香（种子）等植物切勿尝试。辣椒、胡椒、鹰不泊、飞龙掌血、山肉桂、九里香、姜类等有辛辣味；金钮扣的花蕊、两面针的皮、九里香的叶子有麻舌感；扛扳归、马齿苋、酢酱草、酸果藤的叶有酸味；三椏苦和穿心莲的叶、铁冬青的皮、黄连的根都很苦；余甘子、秤星树的根先苦后甜；野甘草、相思藤的叶有甘味；龙须藤、桃金娘、大血藤、锡叶藤、番石榴、算盘子等的根有涩味；而牛大力藤、猪仔笠的根有薯味。

知识小作坊

1. 与你的同学分组、分区域对校园中的植物进行调查，通过“四字”方法进行对比观察，结合网络或书籍，归纳总结出主要校园植物的识别特征。

2. 植物检索表是进行植物分类最重要的工具，其作用是帮助识别、鉴定植物，犹如查寻汉字时使用的字典。请根据生命科学教科书中有关检索表的介绍，参看其他常用的工具书，了解植物检索表的常见类型和式样。

3. 运用检索表鉴定 2—3 种校园植物，掌握使用检索表的基本方法，并与老师进行交流，确保鉴定的准确性。

第三章

校园植物探索园

调查类

通过“校园植物博览园”这扇窗，我们领略了上海市各校植物的魅力，走进了绿色国度。这些校园植物的资料都是同学们和老师们收集、汇总得来的，科学的收集方式能够让我们更加高效地获取知识，这是探秘绿色国度的方式之一。

在日常的学习和工作中，有很多行之有效且容易掌握的信息收集方法，你知道有哪些吗？我们一起来学习吧！比较常用的方法之一就是调查法。调查法也是科学探究常用的方法之一。调查时要明确调查目的和调查对象，制定合理的调查方案，如实记录并对结果进行整理和分析，这样才能收集到有实用价值的资料。

调查的具体方法主要有实地观察法、问卷调查法、访谈调查法、实验调查法、文献调查法等。相信大家都有过填写问卷的经历吧，问卷调查是调查法中最常见的方法之一，被广泛应用于各个学科的调查之中。

校园植物问卷调查

问卷调查是根据调查目的来制定调查问卷，然后由被调查者按问卷中所提的问题或给定的选择答案进行回答，特点是通俗易懂，实施方便，适用范围广，节省时间，调查效率高。那么，如何才能制作出信度和效度都足够高的问卷呢？

一份完整的调查问卷通常由标题、问卷说明、填写指导、被访者基本情况、调查主题内容、编码、访问员情况、结束语等部分组成。

1. 问卷的标题

问卷的标题需要能够概括说明调查主题，使被访者对所要回答的问题有大致的了解。问卷标题要简明扼要，又必须点明调查对象或调查主题。如

"学生宿舍卫生间热水供应现状的调查"这样的标题，就比简单采用"热水问题调查问卷"要好，因为后者无法使被访者了解明确的主题内容，这可能会妨碍接下去回答问题时的思路。

2. 问卷说明

在问卷的卷首一般有简要说明，主要用于说明调查意义、内容和选择方式等，以消除被访者的紧张和顾虑。问卷说明力求言简意赅，文笔亲切又不至随意。

示例 1

同学，您好！

我是 ××× 的实践队成员，我们正在做关于 ××× 的调研，想问您几个相关问题，了解您的想法。您的回答将完全保密，请放心。谢谢您的协助与支持！

示例 2

您好：

我是 ××× 暑期社会实践团队的采访员，我们正在进行一项关于 ××× 的暑期实践调查，旨在了解 ××× 的基本情况，以分析 ×× 发展趋势和前景。希望您能够积极参与，我们将对您的回答完全保密。调查会耽误您 10 分钟左右的宝贵时间，请您谅解。谢谢您的配合和支持！

很显然，示例 2 的陈述比较正式和规范，能达到较好的效果。

3. 填表指导

需要被访者自己填写的问卷，我们应在问卷中告知被访者如何填写问卷。填表指导一般可以写在问卷说明中，也可单独列出。其优点是要求更加清晰，更能引起回答者的重视。

示例 1: 问卷答案没有对错之分，根据自己的实际情况填写即可。

示例 2: 问卷的所有内容需由您个人独立填写，如有疑问敬请咨询您身边的工作人员。

示例 3: 您的答案对于我们改进工作非常重要，希望您能如实填写。

4. 被访者基本情况

这是指被访者的一些主要特征，如姓名、性别、年龄、民族、生源地、所属院系等。这些是分类分析的基本控制变量。在实际调研中要根据具体情况选定询问的内容，并非多多益善。如果在统计问卷信息时不需要统计被访者的特征，则无需询问。

5. 调查主题内容

调查主题内容是按照调查设计，逐步、逐项列出调查的问题，是调查问卷的主要部分。这部分内容的质量直接影响整个调研价值的高低。

（1）确定问题的内容

第一原则是确定问题的必要性，即问卷中的每一个问题都应对所需的信息有所贡献，或服务于某些特定目的。如果从一个问题中得不到满意的使用数据，那么这个问题就应该被取消。

当然，有时候还可以“故意”问一些与所需信息没有直接联系的问题。比如在问卷的开头问一些中性的问题，这样可以让被调查者乐于介入并建立友善的关系，特别是问卷的主题比较敏感或有争议性。

第二原则是必须肯定这个问题对获取所需信息的充分性。有时为了明确地获取所需信息，需要同时询问几个问答题。

例如，大多数关于商品、节目等内容的选择方面的问题都涉及两面性：

A.“不好看，但舒适性还可以”

B.“不舒适，但好看”

C.“既不好看，也不舒适”

此处为了充分获取所需信息，应该设置询问两个不同的问答题：

A.“您是否认为 ×× 品牌服装好看？”

B.“您是否认为 ×× 品牌服装穿着舒适？”

在确定每个问答题的内容时，调查者不应假设被调查者对所有的问答题都能提供准确或合理的答案，也不应假定被调查者一定会愿意回答每一个其知晓的问题。对于被调查者“不能答”或“不愿答”的问答题，调查者应当想办法避免。

“不能答”情况的发生，可能是被调查者“不知道”“回忆不起来”或是“不会表达”造成的。对于“不知道”的情况，应在询问前先问一些“过滤问题”，即测量一下过去的经验、熟悉程度等，从而将那些不了解情况的被调查者过滤掉。

（2）决定问答题的结构

一般来说，调查问卷的问题有两种类型：开放性问题和封闭性问题。

开放性问题，又称为无结构的问答题，被调查者用他们自己的语言自由回答，不提供具体的选择答案。例如，“您为什么喜欢耐克的电视广告？”“您对我国目前的教育改革有何看法？”开放性问题可以让被调查者充分地表达自己的看法和理由，并且比较深入，有时还可获得研究者始料未及的答案。但是，开放性问题也有它的缺点，即搜集到的资料中无用信息较多，难以统计分析，并且由于回答费事，可能遭到拒绝。因此，开放性问题在探索性调研中是很有帮助的，但在大规模的抽样调查中，它就弊大于利了。

封闭性问答题，又称有结构的问答题，它规定了一组可供选择的答案和固定的回答格式。

例如：“您选择购买住房时考虑的主要因素是什么？”

A. 价格

B. 面积

C. 交通情况

D. 周边环境

E. 设计

F. 施工质量

G. 其他____________________（请注明）

封闭性问题的优点包括以下几个方面：①答案是标准化的，对答案进行编码和分析都比较容易；②被调查者易于作答，有利于提高问卷的回收率；③问题的含义比较清楚，因为所提供的答案有助于理解题意，这样就可以避免回答者由于不理解题意而拒绝回答。

但是封闭性问题也存在一些缺点：①被调查者对题目存在不正确理解时，难以觉察出来；②可能产生“顺序偏差”或“位置偏差”，即被调查者选择答案可能与该答案的排列位置有关。研究表明，对陈述性答案被调查者趋向于选第一个或最后一个答案，特别是第一个答案；而对一组数字（数量或价格）则趋向于取中间位置的。为了减少顺序偏差，可以准备几种形式的问卷，每种形式的问卷答案排列的顺序都不同。

（3）决定问题的措词

（4）安排问题的顺序

6. 编码

编码是将问卷中的调研项目以及被选答案变成统一设计的代码的工作过程。如果问卷均加以编码，就会易于进行计算机处理和统计分析。一般情况都是用数字代号系统，并在问卷的最右侧留出“统计编码”位置。

7. 访问员情况

在调查问卷的最后，要求附上调研人员的姓名、调研日期、调研的起止日期等，以利于对问卷质量进行监察控制。

8. 结束语

一般采用三种表达方式：

（1）周密式：对被调查者的合作再次表示感谢，以及关于不要填漏与复核的请求。这种表达方式既显示调查者首尾一贯的礼貌，又督促被调查者填好未回答的问题或改正有差错的答案。例如：“对于您所提供的协助，我们表示诚挚的感谢！为了保证资料的完整与详实，请您再花一分钟，翻看一下自己填过的问卷，看看是否有错填、漏填的地方。谢谢！”

（2）开放式：提出本次调查研究中的一个重要问题，在结尾安排一个开放式的问题，以了解被访者在标准问题上无法回答的想法（常用）。例如：“您对制定关于学生学籍的政策有何建议？”

（3）响应式：提出关于本次调研的形式与内容的感受或意见等方面的问题，征询被访者的意见。问题形式可用封闭式（单选），也可用开放式。

附：调查问卷案例

上海市曹杨中学校园植物识别调查问卷

您好：

我们是上海市曹杨中学“萌芽”生物社团的采访员，我们正在进行一项关于校园植物识别的调查，旨在了解本校学生对校园植物认知的基本情况，为进一步普及植物知识、保护环境作有效的参考，希望您能够积极参与。本次调查会耽误您5分钟左右的时间，请您谅解，谢谢您的配合和支持！

年级＿＿＿＿＿＿　　班级＿＿＿＿＿＿

1. 你对花草树木等植物方面的知识感兴趣吗？（　　）

A. 非常感兴趣　　B. 感兴趣　　C. 一般　　D. 不感兴趣

2. 你在日常生活中会不会欣赏花艺之类的作品？（　　）

A. 会　　B. 不会　　C. 偶尔会

3. 你有自己最喜爱的树木或花草吗？（　　）

A. 有　　B. 没有

4. 你对不认识的植物有了解其名称和功能的意愿吗？（　　）

A. 没有　　B. 一般　　C. 很愿意

5. 你知道裸子植物和被子植物的主要区别吗？（　　）

A. 知道　　B. 不知道

—选择A的同学，请写出两者的主要区别：＿＿＿＿＿＿＿＿＿＿＿＿。

6. 你们班级有养护植物吗？（　　）

A. 有　　B. 没有

—选择A的同学，你关注这些植物的生长情况吗？（　　）

A. 关注　　B. 一般　　C. 不关注

—选择 A 的同学，你会为这些植物主动浇水吗？（　　）

A. 不会　　B. 偶尔　　C. 经常

7. 如果可能，你愿意在学校里栽种植物吗？（　　）

A. 愿意　　B. 不愿意

8. 你希望学校开设植物识别之类的特色课程以走近植物吗？（　　）

A. 很希望　　B. 一般　　C. 不希望

9. 你在自己的校园中，大概能识别出多少种植物呢？（　　）

A. 不能识别　　B. 1—5 种　　C. 6—10 种　　D. 11—20 种

E. 20 种以上

10. 请写出以下校园植物的名称（中文名）。

________　　________　　________　　________

________　　________　　________　　________

11. 你觉得校方应该采取哪些有效措施，才能使学生对植物的认知度得到进一步的提高呢？

____

您已完成问卷，对于您所提供的信息，我们表示诚挚的感谢！

上海市曹杨中学“萌芽”生物社团

在设计调查问卷、实施调查、调查统计完毕后，我们需要撰写调查报告。问卷调查报告属于调查报告中的一种，是一种应用文体。调查者在对特定对象进行深入考察和了解的基础上，经过准确的归纳整理、科学的分析研究，揭示出事物的本质，得出符合实际的结论，将整个调查研究的成果用文字形式表现出来，由此形成汇报性应用文书。它是调查研究成果的传递工具，是其发挥社会作用的桥梁，为决策和调整决策提供基本依据。

调查报告一般包括以下内容：

1. 调查目的。

2. 调查对象及其一般情况。

3. 调查内容：可以列举问卷询问的内容。

4. 调查方式：一般为问卷式。

5. 调查时间。

6. 调查结果：分析调查研究所得材料中的各种具体认识、观点和基本结论。

7. 调查体会：可以对调查结果进行分析，也可以找出结果的原因及应对办法等。

问卷调查报告具有针对性、真实性、论理性、典型性和时效性，起到剖析事物本质、了解其发展趋向的积极作用。

知识小作坊

1. 请根据调查问卷的格式，结合问卷模版，与其他同学一起讨论和分工，设计一份针对本校学生对校园植物认知情况的调查问卷。

2. 在发放调查问卷之后，进一步统计调查结果，汇总后写出相关的调查报告，并提出改善现状的有效方法。

制作类

每种植物都是“独一无二”的生命体，自然界中的植物有不同的形态结构、生长习性、食用或药用等价值。为了更好地普及植物知识，将校园植物信息汇总整理成“档案集”是不错的方法。这种植物“档案”便于查阅和分享，若配上照片或绘图，更是美不胜收了！

制作校园植物档案

编撰校园植物档案的要求：

1. 分组、按区域调查校园植物的种类，如藻类植物、苔藓植物、蕨类植物、种子植物（裸子植物和被子植物）等。

2. 汇总后拍摄校园植物的照片。根据每种植物生长的特点选择合适的拍摄时节。每种植物精选出若干张照片，一张为整体照片，另外几张为局部特征照片。也可根据实际条件拍摄每种植物的微视频。

3. 绘制每种植物主要特征的绘画作品（其特征可与照片中的局部特征对应起来或互为补充）。

4. 将每种植物的铭牌文字进行整理，或配上趣味性介绍。

5. 为了便于植物位置的确定和查阅，可以附上校园植物分布图和目录。

6. 进行档案集的排版。

7. 后期审校。

附：校园植物档案案例

上海市曹杨中学校园植物档案

上海市曹杨中学创建于1953年，前身为华侨学校，曾是上海市第一批26所市重点中学之一。学校以“环境素养培育”为办学特色，于2016年成为上海市第一所特色普通高中。我校有一批环境素养特色培育教师，其中生物教师钱叶斐在主持开展名为“绿色曹杨，‘维’美生命”系列活动中，指导学生编写了富有曹杨特色的校园植物档案。植物档案包括学生手绘的植物封面、前言、校园植物分布图、目录、学生不同季节拍摄的植物照片、体现植物主要特征的绘画、科学性的文字描述和趣味性的文字描述等内容。该植物档案荣获“上海市十佳校园植物名录”称号，如图 3-1 所示。

图 3-1　校园植物档案

知识小作坊

1. 与你的同学分组，在老师的指导下收集校园植物的素材，尝试编写本校的校园植物档案。

2. 将编写的校园植物档案印发成册，与周围的同学及家人一起分享常见植物的知识。

3. 通过植物档案内容的学习，组织一次校园植物识别大赛，鼓励更多的人了解和关爱校园植物。

实验类

各类生态条件在自然界中并不是孤立存在的，它们之间相互影响，相互制约，综合地形成特定的生态环境，对植物产生影响。而植物在同化环境的过程中，一方面接受了环境的深刻影响，形成了植物生长发育的内在规律；另一方面，植物对环境的变化也产生了各种不同的反作用，改变着环境。因此植物与环境之间是相互矛盾又辩证统一的关系。

探究植物生长与环境之间的相互关系（以 CO_2 的吸收量为指标）

一、实验目的和意义

1. 实验目的：

（1）回顾植物光合作用的总反应式，明确实验的原理及检测指标。

（2）学会应用控制变量法设计对比实验。

2. 实验意义：

（1）经历科学探究的一般过程，提升科学思维和科学探究能力，培养严谨求实的科学态度。

（2）通过实证，认识植物与环境之间相互作用的协同关系。

二、实验原理

光合作用总反应式：$CO_2 + 2H_2O \xrightarrow[\text{叶绿体}]{\text{光}} (CH_2O) + H_2O + O_2$，植物在进行光合作用时，吸收 CO_2，释放 O_2，可提高空气质量，其中 CO_2 为可测指标之一。

三、实验过程

（一）实验材料和器具

1. 实验材料：植物叶片

2. 实验器具：透明模拟盒装置、智能温控器及加热板、万向软管台灯、气体检测仪、打孔器、镊子

（二）实验装置（如图 3-2）

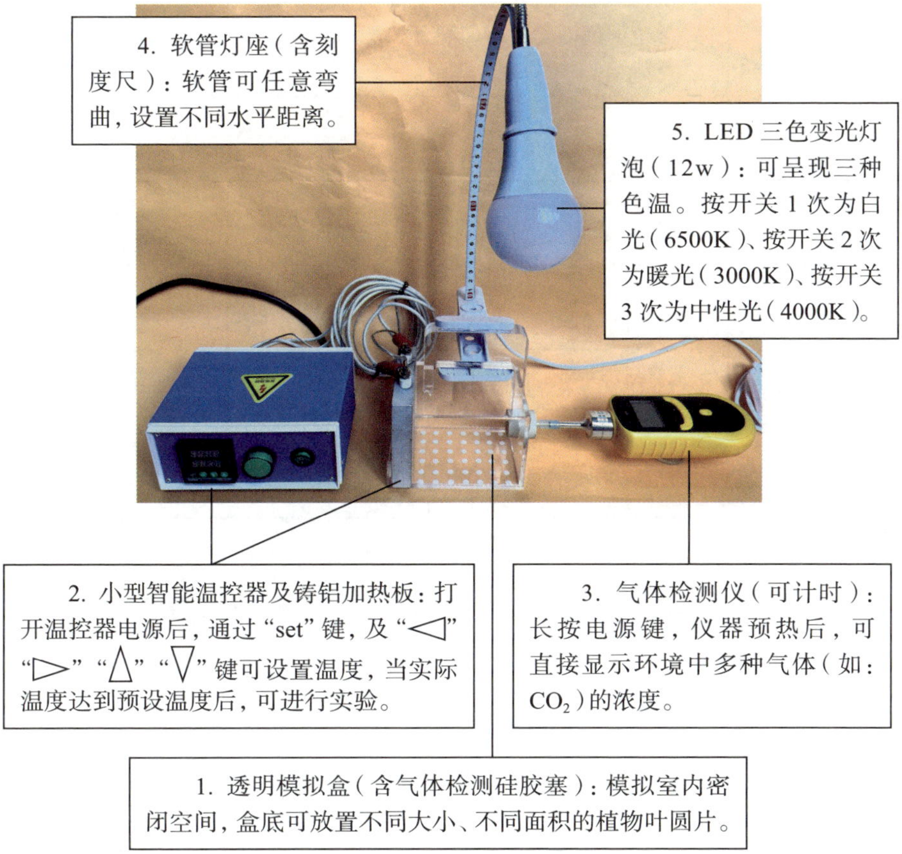

图 3-2　多因子控制气体检测装置

（三）实验步骤

1. 用打孔器制备________________。

2. 将其放入________________中，等待气体检测仪的________________后，每隔 1 分钟记录数据，重复________________次。

3. 计算植物在单位时间内 CO_2 的吸收量 =________________________，并求________________。

4. 更换植物叶片，重复步骤 1—3。分析结果，得出结论。

5. 改变相应的环境因素，如________________，重复步骤 1—3。分析结果，得出结论。

（四）实验结果

环境因素	单位时间内 CO_2 的吸收量（ppm/min）					CO_2 的平均吸收量（ppm/min）

（五）实验分析

1. 实验前要保证透明模拟盒处于密闭状态，避免实验者呼出的气体影响模拟盒中的空气状态。

2. 操作过程中需要始终给予植物足够的光照条件，以保证明显的实验效果。

（六）实验结论

在相同环境条件下，不同种类植物的叶圆片在单位时间内光合作用时 CO_2 的吸收量____；改变环境因素后，同种植物的叶圆片在单位时间内光合作用时 CO_2 的吸收量____。因此，植物生长与环境之间________________。

知识小作坊

1. 仿制多因子控制气体检测装置，采集校园、小区或身边能接触到的各类植物进行对比实验，了解喜阴植物和喜阳植物；水生植物和陆生植物；热带、温带和寒带植物等与环境之间相互作用的关系。

2. 通过改变检测的指标，进一步探究不同植物对有毒气体（如甲醛）、烟尘、$PM_{2.5}$ 等的吸收效果，以及不同环境因素（如温度、光照、湿度等）对同种植物产生的多方面影响。

3. 除了植物的光合作用之外，思考植物的呼吸作用、蒸腾作用又是如何受环境因素影响的呢，尝试设计新的实验进行验证。

研究类

植物一直以来都是生物学家研究的主要对象，研究的方法多种多样。在实践中我们亲手做、亲眼看，在结果面前我们积极思考、缜密分析，这样我们才能真正了解植物，了解它们的构造、组成、生理特性以及与环境之间的相互关系等。探索才能发现，而探索之路永无止尽！

课题探究

课题探究主要包括四个阶段：准备阶段、研究设计阶段、实施阶段和总结阶段（如图 3-3）。

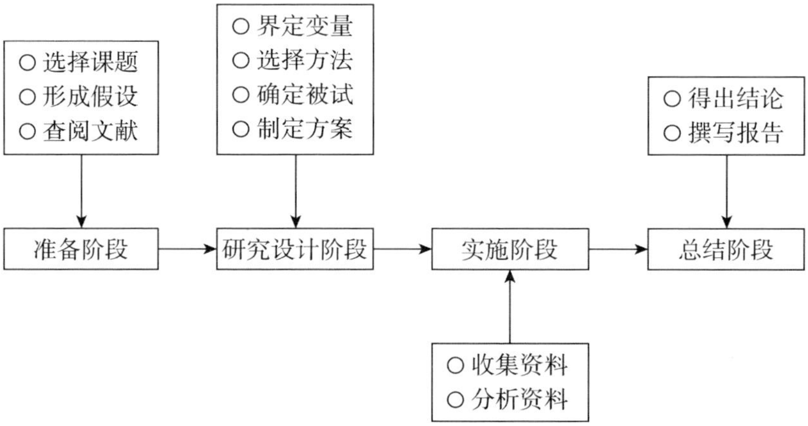

图 3-3　课题探究的基本程序

一、准备阶段

（一）选择课题

1. 选题原则：可行性、价值性、创造性、科学性

2. 课题来源

（1）社会实践、现实生活中存在的问题

（2）来自科学理论上的争鸣或验证

（3）从教育理论的应用中找寻课题

（4）从已有课题、成果中寻找新的课题

（二）形成假设

研究者对所研究的问题结果、两个或多个变量之间的关系或某些现象的性质作出自己的判断。共有三种类型的假设：

1. 预测性假设——对两个事件或概念之间的差异情况做出的判断。例如：运用表情朗读比一般朗读更容易记忆。

2. 相关性假设——对两个事件或概念之间的相关关系做出判断。例如：学生学习成绩与上课注意力集中有正相关性。

3. 因果假设——对两个事件或概念之间的因果关系做出判断。例如：如果学生对数学课感兴趣，那么学生的数学课成绩就会提高。

（三）查阅文献

查阅文献的作用一方面可以为课题选择和形成假设提供参考资料，以便具体地限制和确定研究课题和假设；另一方面可以了解国内外有关方面研究的历史、现状及发展趋势，以及一些可能对研究有帮助的研究思路与方法，为下一步的研究设计提供背景信息。此外还可以为最后总结阶段提供理论借鉴。以下为查阅文献活动的流程图，如图 3-4 所示。

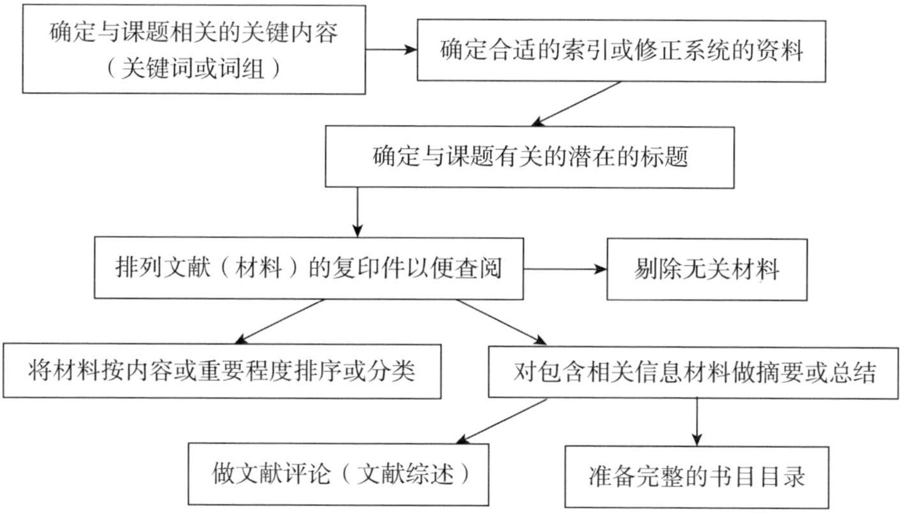

图 3-4　查阅文献活动的流程图

二、研究设计阶段

（一）界定变量

自变量——研究者掌握的、在性质与数量上都可以变化的条件、现象或特征。

因变量——研究者预定的、因自变量变化而引起研究对象（被试）的反应变化。

例如，考察两种教学方法对学习效果的影响中，自变量：教法1—传统的讲授法，教法2—探究法。因变量：学习效果。

（二）选择方法

1. 观察法

指研究者有目的、有计划地对处在自然条件下的研究对象进行系统的、连续的观察，并做出准确、具体和详尽的记录，从而获取经验事实的一种科学研究方法。

观察法实施步骤：①做好充分的准备，制订观察计划。先对观察的现象做一般的了解，然后根据研究任务和研究对象的特点，确定观察目的、内容和重点。如果情况复杂或内容较多，可采取小组分工观察，最后制定整个观察计划，确定进行观察全过程所需的次数、时间、记录用纸、表格，以及所采用的仪器等。②按计划进行实际观察。在观察过程中，既要严格按照计划进行，必要时也可随机应变。要选择最适宜的观察位置，集中注意力，记下重点，不为无关现象所扰乱。观察时可借助仪器及时做记录，不要事后回忆。③及时整理材料。对大量分散材料利用统计技术进行汇总加工，删去一切错误材料，然后对典型材料进行分析。如有遗漏，及时纠正，对反映特殊情况的材料另做处理。例如：要研究学生在上课时积极性行为表现，可列表作观察记录。

行为表现	行为次数
1. 老师提问，学生没有举手。	
2. 老师提问，学生举手。	

（续表）

行为表现	行为次数
3. 学生举手，并被老师提问，回答一般。	
4. 学生举手，并被老师提问，回答很好。	
5. 学生没有举手，但被老师提问，回答错误。	
6. 学生没有举手，但被老师提问，回答一般。	
7. 学生没有举手，但被老师提问，回答很好。	
8. 学生主动积极举手，向老师提出问题。	

2. 调查法

一般是在自然的过程中进行的，通过访谈、发放问卷、开调查会、测验等方式去搜集反映研究现象的材料。在调查的过程中，经常利用观察法作为调查和核对材料的手段。

调查法实施步骤：①准备。选定调查对象，确定调查范围，了解调查对象的基本情况。研究有关理论和资料，拟定调查计划、表格、问卷、谈话提纲等，规划调查的程序和方法，以及各种必要的安排。②按计划进行调查活动，通过各种手段搜集材料。必要时可根据实际情况的变化，对计划做出相应的调整，以保证调查工作的正常开展。③整理材料。包括分类、统计、分析、综合、撰写调查研究报告。

3. 实验法

为进行研究在某种条件下使一定的现象产生，然后对结果进行分析。

实验法实施步骤：①决定实验方法、组织形式，拟定实验计划。②创造实验条件，准备实验用具。实验进行前根据实验目的拟定测验主题，准备器具、记录表格、统一标准，拟定记录方法、符号等，设法控制实验因素，使重要因素不变或少变。③进行实验。在实验过程中要做精确而详尽的记录，在各阶段中要做准确的测验。为了排除偶然性，可反复实验多次。④处理实验结果。考虑各种因素的作用，慎重核对结论，力求排除偶然因素的作用。

例如，研究如何分配复习时间才能收到较好的复习效果。研究假设：分散复习效果优于集中复习。取样：高一学生，选取智力水平、英语学习成绩、任教英语的教师水平相当的两个班，分别作为实验班和对照班。控制条件：时间总量相同，复习内容相同（背诵同一篇英语课文），测验方式相同。自变量：复习时间分配方式 1—时间集中，复习时间分配方式 2—时间分散。因变量：复习效果（统一测验的成绩）。

4. 个案研究法

指对单一的人或事进行深入具体的研究。研究的人或事可能是典型的，也可能不是典型的。可以通过若干个个案研究，再作比较，找出规律性的东西，以指导工作。

个案研究法实施步骤：①进行了解、确定个案研究对象。②进行观察、调查，收集资料。③进行个案分析研究，撰写分析报告。

（三）确定被试（研究对象）

（四）制订方案（研究计划），一般包括三方面的内容

1. 研究的目的和理论依据——说明研究的具体目的和问题，提出研究的理论依据和本研究的理论假设。

2. 以往研究的考察——提供研究问题的背景和来龙去脉，总结以往研究尚未解决的问题，使人们意识到本研究的必要性，同时也说明本研究是建立在以往研究的基础之上的。

3. 研究的设计与方法——确定所用的研究方法，以及数据收集与分析的方法。

三、实施阶段

（一）收集资料

计量资料——连续的数据，通常有具体的数值，如身高、体重等。

等级资料——如强、中、弱，优、中、差之类的等级表示。

计数资料——只研究数量多少，不具体考虑质的差异。

描述性资料——对现象的特征进行系统的、精确的测量和叙述。

（二）分析资料

采用适当的方法将收集的原始资料加以整理、分类，使之系统化和简约化。

四、总结阶段

（一）得出结论

（二）撰写报告

1. 坚持三个标准：学术性、规范性、客观性。

2. 报告基本格式：题目——署名——摘要——引言——方法——结果——讨论——结论——参考文献及附录。

附：课题案例

绿色植物生命呼吸器的心电波

室内绿化植物的气孔密度与二氧化碳吸收量关系的探究

上海市曹杨中学　俞姚成　　　　辅导教师　钱叶斐

摘要：本实验探究了常见的室内绿化植物对密闭空间中二氧化碳的吸收效果，为人们选购室内绿化品种时提出合理化建议，以便更好地改善室内的空气质量，保障人体健康。实验中，我们分别测定了八种常见室内绿化植物的气孔密度，同时测出在相同体积的密闭空间中不同植物对二氧化碳的吸收量。通过实验我们发现：植物的气孔密度越大，其二氧化碳的吸收量也越大，本实验中薄荷就是吸收二氧化碳的佼佼者。由此我们建议，人们应选择气孔密度大的植物进行居室的布置，这样既可美化环境又有利于身心健康。

关键词：气孔密度　二氧化碳吸收量

一、选题目的

我们每时每刻都在呼吸，每一次吸入的是氧气，呼出的是二氧化碳。室外二氧化碳的标准浓度为 380 ppm[1]，但是在室内，特别是在人多又相对封闭的空间（例如公交车的车厢、冬天门窗紧闭的教室）中无法及时与新鲜空气进行气体交换，二氧化碳的浓度会不断升高，浓度可高达几千 ppm，致使人体产生头晕、乏力、注意力不集中等症状。于是我们就想能否利用植物吸收二氧化碳进行光合作用这一原理，来降低室内二氧化碳浓度，进而达到提高室内空气质量的目的。

在初中和高中阶段，我们都学习过植物通过气孔来吸收二氧化碳的知识。在我们看来，气孔就是植物生命的呼吸器[2]，因为气孔是吸收二氧化碳的主要结构。查阅资料后我们还得知：同一种植物叶片单位面积上的气孔数量，即气孔密度，是一定的，因此理论上单位时间、相同空间内吸收二氧化碳的量也是一定的。因而我们猜想，是否植物的气孔密度越大，其二氧化碳的吸收量也就越大呢？我们就此展开探究。

二、实验材料与仪器

（一）材料

1. 常见室内绿化植物

通过问卷调查，我们最终从 584 份问卷中筛选出适用于实验的 8 种常见室内绿化植物，它们分别是薄荷、观音莲、四季海棠、绿萝、矮牵牛、绿吊兰、金边吊兰和万年青。

2. 透明指甲油

为了在实验中不破坏植物原有结构和美观，我们使用透明指甲油将气孔的形态印记下来。

（二）实验仪器

数码光学显微镜、物镜测微尺、二氧化碳数据采集器、二氧化碳传感器、试管、双孔橡皮塞、打孔器、载玻片、盖玻片、镊子、60 瓦白炽灯、电脑等。

三、实验方法

（一）材料处理方法

1. 用“印迹法”[3]制作植物叶片上下表皮的装片：选择 8 种植物的成熟叶，避开主叶脉，在叶片的上表皮和对应位置的下表皮，取 0.5 cm^2 左右的正方形涂上一层透明指甲油，干透后，用镊子撕下涂层，放在滴清水的载玻片上，盖上盖玻片。

2. 叶圆片的制作：选择 8 种植物的成熟叶，避开主叶脉，用直径为 1 cm 的打孔器，打下各 10 个叶圆片。

（二）实验装置

图 1　实验装置全景照片

图 2　二氧化碳浓度测量装置

（三）实验步骤

1. 选择 16 倍目镜（16X）和低倍物镜（X10）进行观察，在载物台上放置物镜测微尺，测出视野直径所占物镜测微尺的格数。计算视野直径 d（微米）= 直径所占格数 X 物镜测微尺一格的大小。计算视野半径 r（微米）=d/2，求出视野面积（微米 ^{2}）= πr^2。

2. 观察装片，移动时随机选取六个视野，记录每个视野中的气孔数量，求平均值。计算每种植物上下表皮的气孔密度，根据公式“气孔密度（个/微米^2）$=\frac{\text{气孔平均数量}}{\text{视野面积}}$”，记录数据。

3. 将每种植物的10个叶圆片分别放入相同体积的带塞试管中，带塞试管模拟密闭空间。轻轻晃动试管，使叶圆片能平铺在试管内壁上，避免叶圆片互相重叠。将二氧化碳传感器上的塑料导管插入塞孔中，使二氧化碳传感器与数据采集器和电脑相连，打开距试管15厘米处的可控光源，记录10分钟内二氧化碳的数值（ppm）变化。计算不同植物每分钟的二氧化碳吸收量（ppm/min）。

4. 分析比较植物的气孔密度与二氧化碳吸收量之间的关系。

四、结果与分析

（一）不同植物的气孔密度

1. 绿色植物生命呼吸器——气孔的结构

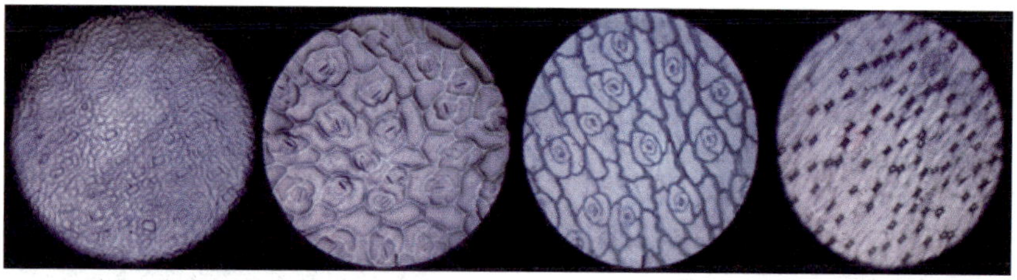

薄荷　　四季海棠　　观音莲　　绿吊篮

图3 （16X10视野中）四种实验植物的气孔显微照片

2. 八种实验植物的气孔密度（个/微米^2）

	薄荷	观音莲	四季海棠	绿萝	矮牵牛	绿吊兰	金边吊兰	万年青
上表皮气孔密度	66	12	0	1	44	0	0	9
下表皮气孔密度	301	16	21	1	44	87	79	41

从表中数据我们发现：以上植物都是陆生植物，为了适应比较干燥的陆生环境，它们下表皮的气孔密度一般大于上表皮的气孔密度，这样可以防止水分过度蒸腾。其中，薄荷上下表皮的气孔密度是最大的，而绿萝的相对密度是最小的。那么是否意味着薄荷对二氧化碳的吸收量最大呢？我们怀着好奇，带着期盼进行了二氧化碳吸收量的测定。

（二）不同植物二氧化碳的吸收量

1. 绿色植物生命呼吸器的心电波——二氧化碳的吸收量（ppm）

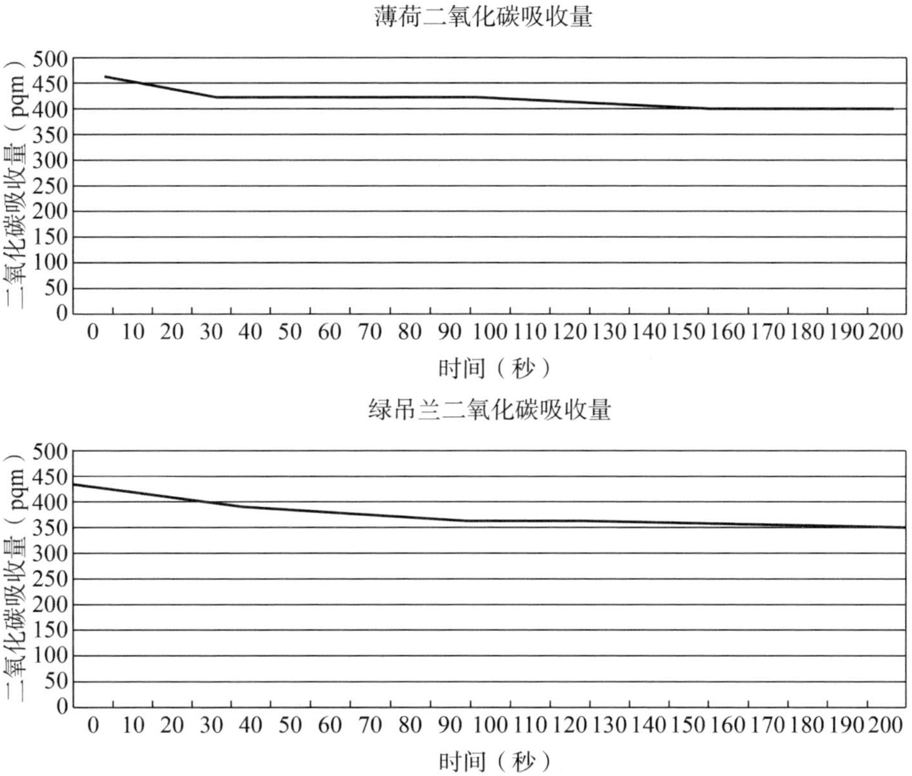

图 4　两种实验植物的二氧化碳吸收量的曲线图

我们测定了 10 分钟内，8 种植物的叶圆片在密闭试管内对二氧化碳的吸收情况。由于植物的呼吸作用及密闭试管空间狭小等问题，我们截取了 200 秒内各种植物吸收二氧化碳最佳状态时的曲线图进行数据分析。从图示中可以清楚地看到在 0—200 秒以内植物光合作用吸收二氧化碳的数值变化，从而求出每分钟二氧化碳的吸收量（ppm/min）。

2. 植物的气孔密度与二氧化碳吸收量之间的关系

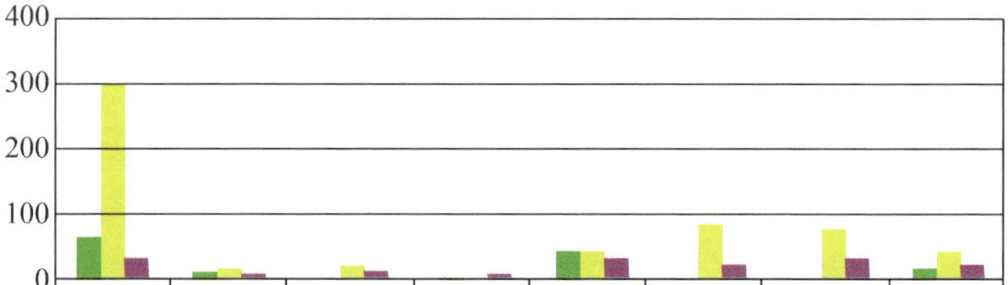

	薄荷	观音莲	四季海棠	绿萝	矮牵牛	绿吊兰	金边吊兰	万年青
上表皮气孔密度（个/mm²）	66	12	0	1	44	0	0	9
下表皮气孔密度（个/mm²）	301	16	21	1	44	87	79	41
二氧化碳吸收量（ppm/min）	25.2	5.1	10.2	4.8	18.9	15.5	18.9	13.8

图 5　八种实验植物的气孔密度与二氧化碳吸收量关系图

从实验结果来看，八种实验植物中气孔密度最大的薄荷在单位时间内吸收二氧化碳的量是最多的，而气孔密度最小的绿萝吸收二氧化碳的量是最少的。其他植物的气孔密度与二氧化碳吸收量之间基本呈正相关。由于植物本身的特性，不同植物在白天气孔开放的时间不同，开放的数量也不同，而实验是在特定时间段内进行的，所以有的植物气孔密度大，但是单位时间内二氧化碳的吸收量反而小，比如本实验中的观音莲和四季海棠。

五、结论与建议

通过实验我们验证了自己的猜想：植物的气孔密度与二氧化碳吸收量之间呈正相关。在八种实验植物中，薄荷吸收密闭空间中二氧化碳的能力最强。所以，我们推荐大家可以在室内，如家中、办公室、教室内，多摆放一些诸如薄荷这类气孔密度较大的绿色植物，以降低室内二氧化碳的浓度，同时通过光合作用来增加氧气的含量。此外，在交通工具如私家车、公交车、动车车厢里，也可以做一些植物花架，摆放这类植物，使人们在旅途的劳顿中有一抹清新和一份身心的关怀。

对于本实验我们还有两个问题没有解决。实验初始阶段，我们用多肉类植物，如芦荟、宝石花等进行实验，发现这类植物的气孔密度不小，但是二氧化碳吸收量却很少。这到底是怎么回事呢？后来，我们请教了老师并查阅了相关资料才知道，这类植物原产于热带，在白天高温时，它们的气孔大多是闭合的，等到夜晚来临温度下降，气孔才会打开，本实验中的观音莲也属于这种情况。由于时间关系我们还未来得及验证夜间多肉类植物对二氧化碳的吸收情况。此外，在我们进行实验成果展示时有人提出，实验中用试管模拟密闭空间有一定的局限性，能否将实验的空间近一步放大，在真实环境中测量不同植物对二氧化碳的吸收量呢？这些问题的存在和提出正是我们继续前进的方向和动力。

基于本次实验结果，后续我们准备选择多种常见的多肉类植物做实验材料，在温度较低的傍晚及夜间测定其二氧化碳的吸收量，以便比较全面地了解不同生理特性的植物的气孔密度与二氧化碳吸收量的关系，使我们的实验结论更加严谨、科学。在掌握了较全面的第一手资料后，我们还要在真实环境，如教室、办公室等相对封闭的环境中，测定不同绿化植物吸收二氧化碳的效果，从而使我们的建议更为合理有效。

参考文献：

[1] 金福海．我国二氧化碳室内空气质量标准建议值的探讨[J]．重庆环境科学，2003（12）．

[2] 马清温．植物气孔的秘密[J]．百科知识，2011（12）．

[3] 陈佰鸿，李新生，曹孜义，姚庆荣．一种用透明胶带粘取叶片表皮观察气孔的方法[J]．植物生理学通讯，2004（2）．

知识小作坊

1. 去学校图书馆借阅《全国青少年科技创新大赛获奖作品集》或《上海市青少年明日科技之星获奖作品集》等同类书籍，参考有关植物学的创新课题，拓展自己的思维，选择适切的方法，尝试探究一些有兴趣、有可行性、有价值的小课题。

2. 在老师的指导和帮助下，结合探究成果申报青少年科技创新大赛或明日科技之星等竞赛，并将自己的成果进行全校展示。